ミジンコ先生の諏訪湖学

水質汚濁問題を克服した湖

花里孝幸

地人書館

CONTENTS

ミジンコ先生の
諏訪湖学
水質汚濁問題を克服した湖

◎目次

第1章 諏訪湖はどうして汚れたか

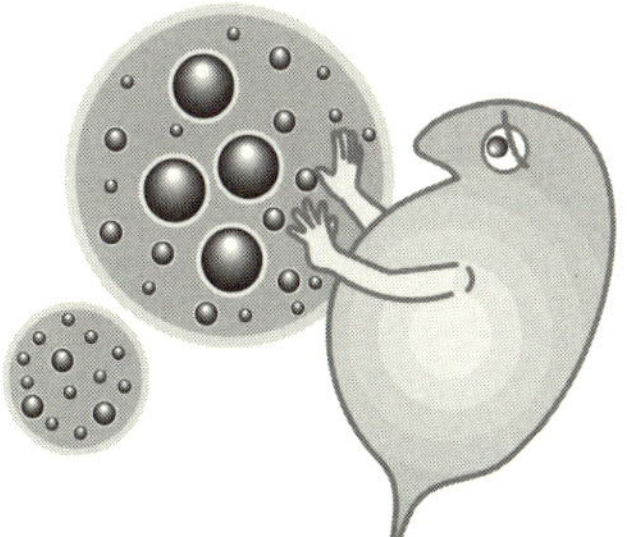

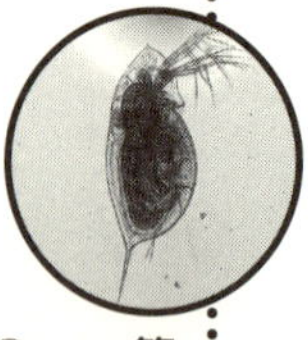

第2章 諏訪湖の生き物事情

第3章 水質浄化への取り組み

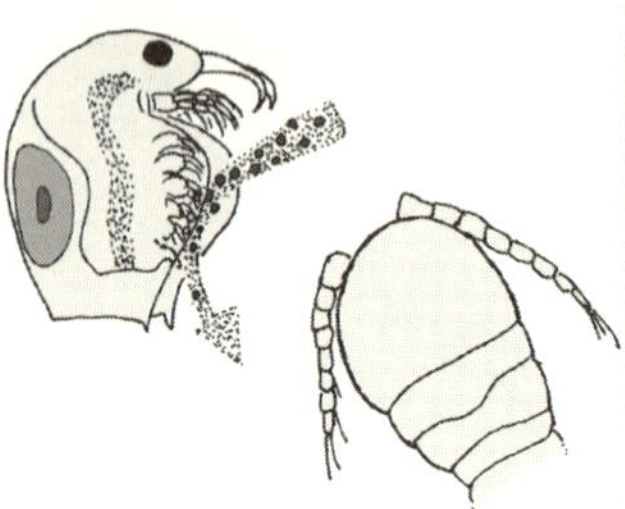

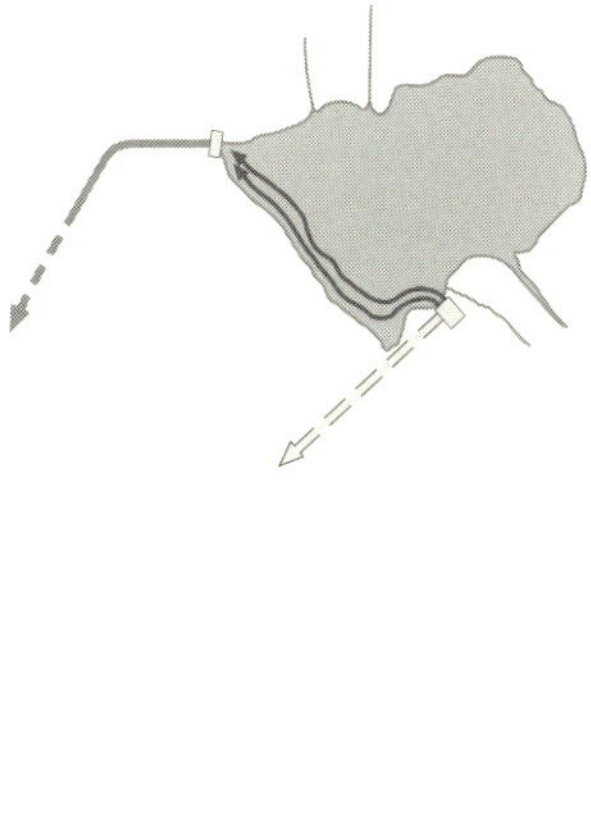

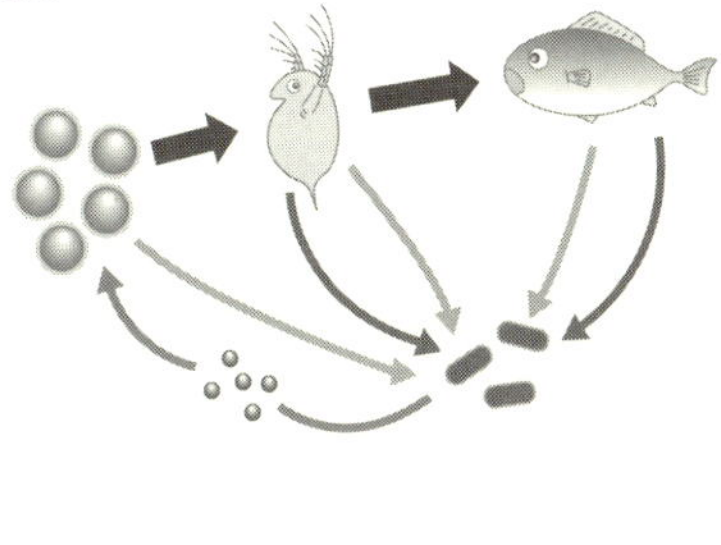

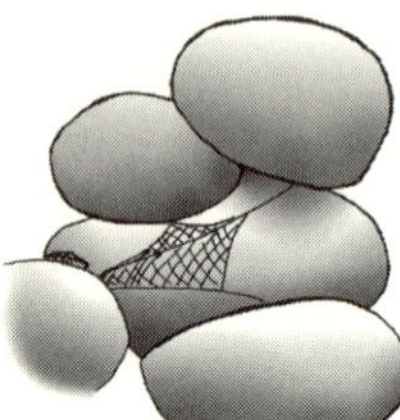

第5章 湖と人のこれから

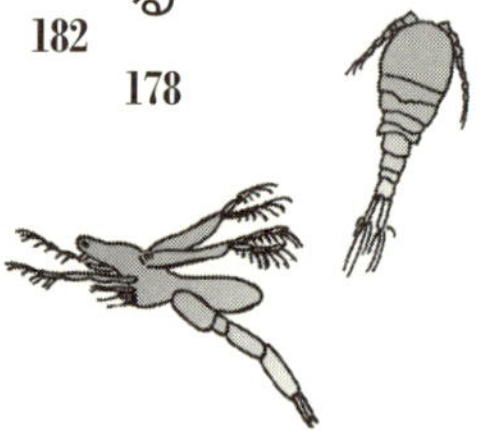

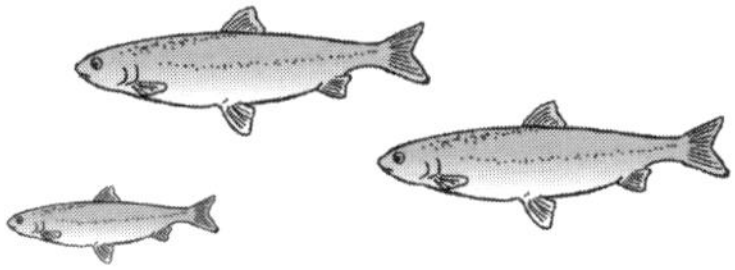

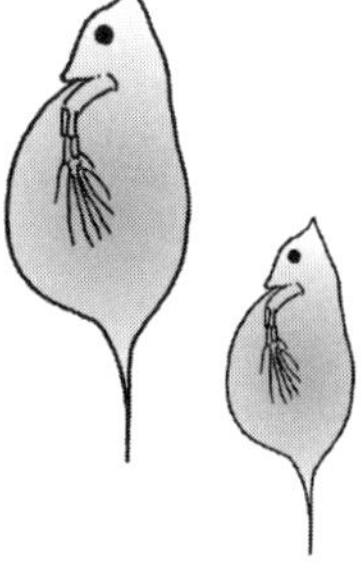

第1章 諏訪湖はどうして汚れたか

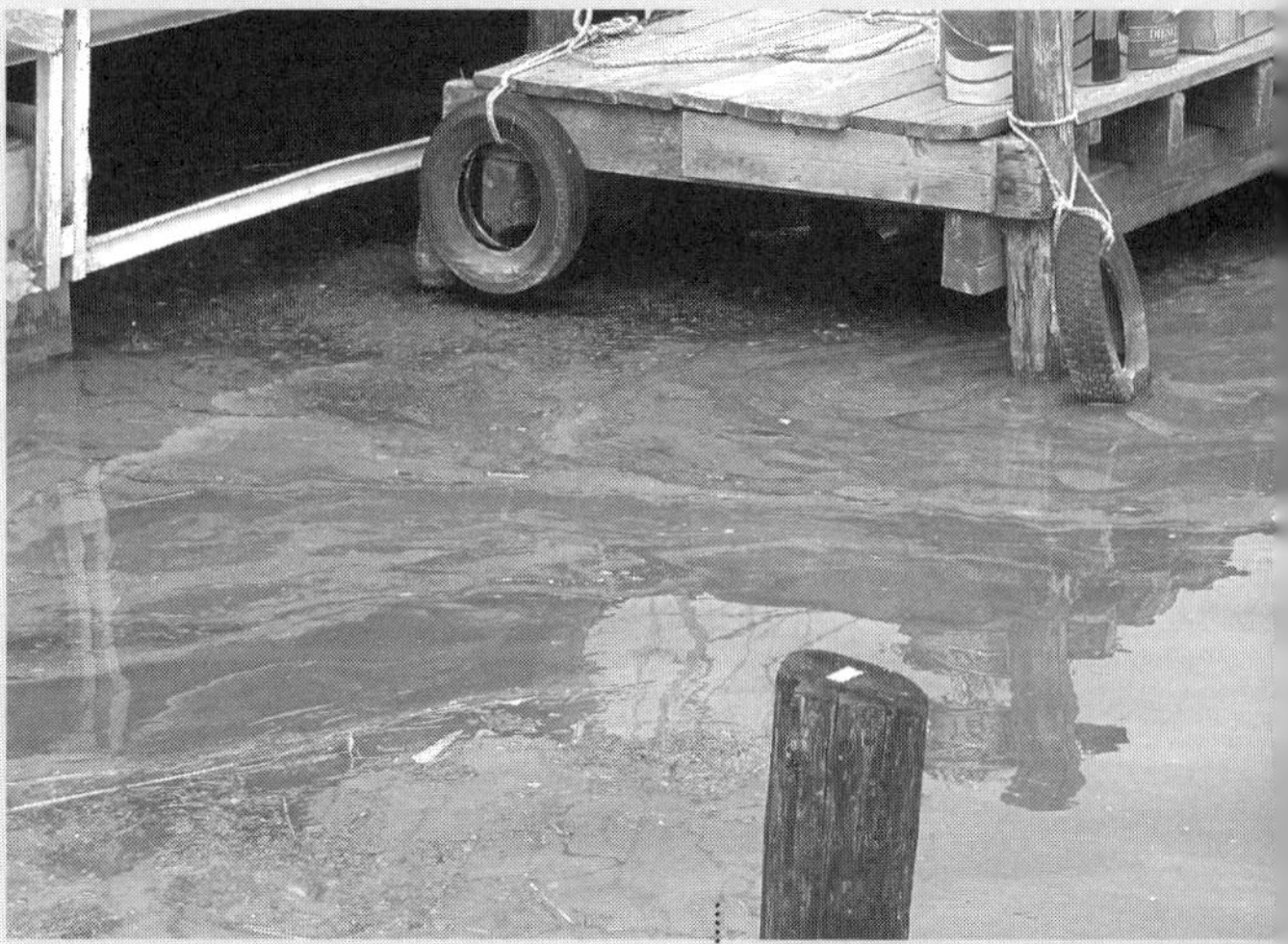

アオコが発生した諏訪湖。湖面が緑のペイントを流したように見える

1-1 浅い湖は汚れやすい

　諏訪湖《すわこ》は一三・三km^2の面積を持つ長野県最大の湖（全国では二二番目）で、諏訪盆地のシンボル的存在である（図1-1）。昔は漁業という生業《なりわい》の場として、また水泳やスケート遊びの場として、人々の生活を支えてきた。その湖が、一九六〇年代後半に入ってアオコに覆われるようになり、人々を驚かせた。アオコの発生で湖水は緑色に濁り、かび臭が漂い、水泳などできる状態ではなくなった。ただ、このアオコの発生は、諏訪湖だけで起きたものではなく、ほぼ同時期に、国内の多くの湖で同じ現象が見られるようになった。そのため、湖の水質汚濁が全国的に大きな環境問題となったのである。ただし、そのなかでも特に諏訪湖の汚濁はひどく、全国の湖の水質の比較で、毎年ワーストランキングの一〇位以内を維持していた。

　なぜ諏訪湖は、そんなにまでも汚れてしまったのだろうか。その疑問が投げかけられると多くの人は、周辺地域の人間活動によって生み出された汚れの原因物質が湖に流れ込んだため、と答えるだろう。確かにその通りである。しかし、同じように汚れの原因物質が流れ込んでも、汚れやすい湖とそうでない湖がある。それには湖の深さが強く関わっているのだ。

　日本で最も水が澄んだ湖は北海道にある摩周湖《ましゅうこ》である。一九三一年頃には透明度四一・六mを記録

■図 1-1　諏訪盆地の真ん中で水をたたえる諏訪湖。面積は長野県最大。諏訪地方のシンボル的存在だ

し、その頃は世界で最も透明な湖であったそうだ。他にも支笏湖《しこつこ》、洞爺湖《とうやこ》（どちらも北海道）、十和田湖《とわだこ》（青森・秋田県）、本栖湖《もとすこ》（山梨県）などが一〇mを超える高い透明度を誇っている。これらはみな深い湖ということで共通する。最大水深は、どれも一〇〇mを優に超えている（表1-1）。

一方、汚れた湖の代表としていつも話題に上るのは、手《て》賀《が》沼《ぬま》、印旛沼《いんばぬま》（どちらも千葉県）、霞《かすみ》ヶ《が》浦《うら》（茨城県）で、これらの湖はとても浅い。最大水深は一〇mにも達しない。諏訪湖もその仲間で、今の最大水

■表 1-1
日本の代表的な、水が澄んだ湖（貧栄養湖）と水質汚濁が進んだ湖（富栄養湖）の比較

	名 称	湖面積（㎢）	最大水深（m）	透明度（m）
貧栄養湖	摩周湖（北海道）	19.1	211.5	25.0
	支笏湖（北海道）	78.8	360.1	18.0
	十和田湖（青森・秋田県）	59.0	334.0	12.5
	本栖湖（山梨県）	5.1	121.6	12.7
富栄養湖	手賀沼（千葉県）	6.5	3.8	0.6
	印旛沼（千葉県）	11.6	2.5	0.73
	霞ヶ浦（茨城県）	220.0	7.0	1.2
	諏訪湖（長野県）	13.3	7.2（※ 6.5）	0.73

出典：倉田（1990）、印旛沼環境基金（1998）
※現在は、6.5m 程度と見られている

深はおよそ六・五mである。

湖の水温は夏に最も高くなる。これは誰もが知っているだろう。ところが、この水温が表水層と深水層で大きく異なることを知る人は少ないのではなかろうか。図1-2に大町市《おおまちし》にある木崎湖《きざきこ》（最大水深二九m）で夏に測られた水温を示す。表水層では二五℃ほどあるが、水深五mよりも深くなると急速に水温が低下し、湖底付近ではほぼ四℃になる。なんと、湖底の水温は冷蔵庫のなかと同じだ。

湖水は冬に最も冷たくなり、それが春から夏にかけて太陽に

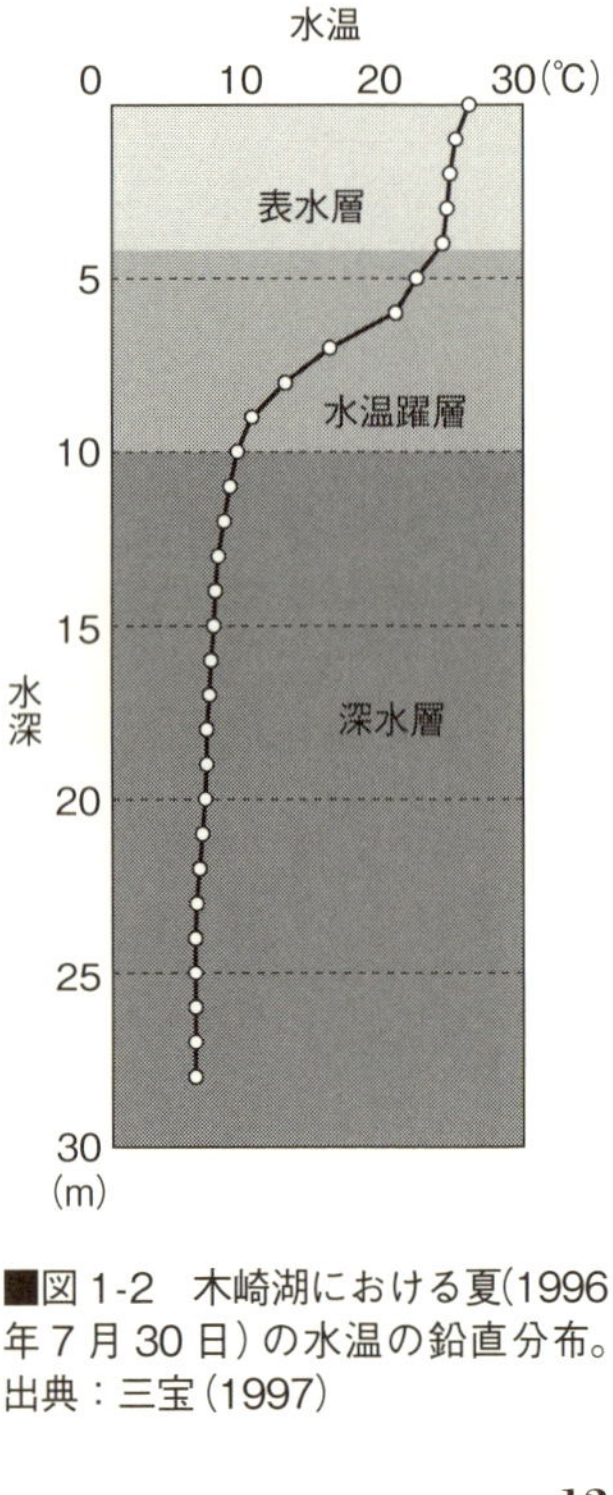

■図 1-2　木崎湖における夏（1996 年 7 月 30 日）の水温の鉛直分布。
出典：三宝（1997）

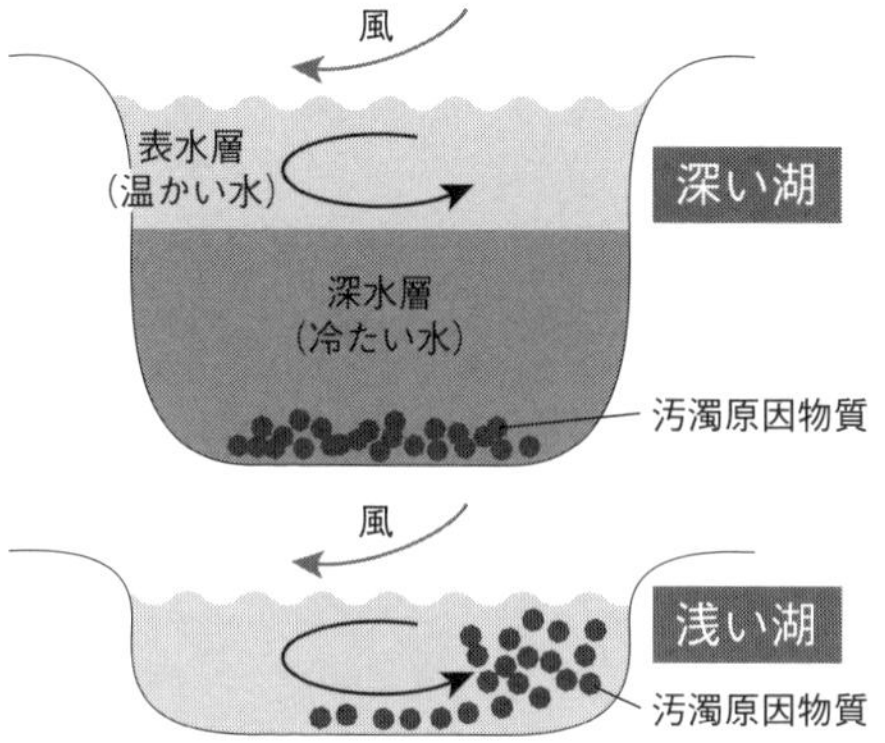

■図 1-3　深い湖と浅い湖における風と水の動き。深い湖では風が吹いても湖底に溜まった汚濁原因物質は舞い上がらないが、浅い湖では容易に舞い上がる

よって温められる。ところが、太陽は表面近くの水しか温めない。温まった水は軽くなるので表面に滞留し、それがまた太陽に温められることになる。一方、湖の深いところにとどまった冷たい水は、温められることなくそこにとどまる。湖水はしばしば風によって攪拌《かくはん》されるが、強風が吹いてもせいぜい表面から五〜一〇m程度の深さまでしか水は動かない。そのため、表水層の水と深水層の水は夏の間は混ざることがなく、水温は両者の間で大きく異なることになるのである。

湖は水がよどんだところなので、川から湖に流れ込んだ水質汚濁の原因物質は湖にとどまり、湖底に沈む。すると、風が吹いても湖底の水が動かない深い湖では、汚濁原因物質は湖の底でじっとしていることになる。一方、水深が一〇mもない浅い湖では、湖底の汚濁原因物質は風によって容易に表面に巻き上げられ、湖を汚すことになるのである。したがって、浅い諏訪湖はもともと汚れやすい性質を持った湖と言える。水質汚濁問題を考えるときには、そのことの理解がまず必要である（図1-3）。

1-2 諏訪湖は昔深かった

前項では、諏訪湖の水深が最大で六・五mほどと浅く、それゆえ諏訪湖は汚れやすいということを述べた。そういえば、水質汚濁が問題となっている湖の多くは平野にある浅い湖だ。平野につくられるから浅いのである。もちろん、平野には人が集まって都市がつくられるため、多くの汚濁原因物質が流れ込むようになったというのも湖が汚れる大きな原因である。

汚れた湖としてよく知られている霞ヶ浦や手賀沼、印旛沼は関東平野にある。利根川《とねがわ》河口域に広がる低地で生まれた湖だ。そのため、もともと浅い湖だったのだ。ところが、諏訪湖はこれらの湖とは異なって山地域にあり、湖面標高は七五九mと高い。山地域にある湖には深いものが多いが、諏訪湖はそれに反して浅いのである。

諏訪湖は断層湖とされている。今から百万年ほど前に断層が動き、そのときにできた穴に水が溜まったと考えられているからだ。誕生した当初の水深は三〇〇m近くあったようだ。したがって、諏訪湖は、山地域にある多くの湖のように、当初は深い湖だったのである。ではなぜ浅くなったのだろうか。

我々人類を育んできた地球を含め、すべてのものに一生がある。もちろん、湖も例外ではなく、誕生と死がある。ただし、湖の誕生は一通りではない（表1-2）。火山の噴火でつくられた火口に水が溜まったもの（火口湖）。噴火の際、地面が大きく陥没して生まれたもの（カルデラ湖）。諏訪湖のように断層活動に起因したもの（断層湖）。地震などで崩れた土砂や、火口からあふれ出た溶岩によって川がせき止められて生まれたもの（堰止湖《せきとめこ》）。川の流れと海流の働きで河口に砂が溜まってつくられたもの（海跡湖）、などだ。

ところが、いったん湖がつくられると、そこは水がよどむ場所なので、流れ込んだ土砂をはじめ、様々な物質が湖底に沈み堆積することになる。それによって湖は次第に浅くなっていく（図1-4）。そし

■表1-2
成因に基づいた湖の分類と代表的な日本の湖

湖の分類	代表的な日本の湖
火口湖	御池（宮崎県）、蔵王（宮城県）
カルデラ湖	摩周湖（北海道）、池田湖（鹿児島県）
堰止湖	中禅寺湖（栃木県）、大鳥池（山形県）
断層湖	琵琶湖（滋賀県）、諏訪湖（長野県）
海跡湖	サロマ湖（北海道）、八郎潟（秋田県）

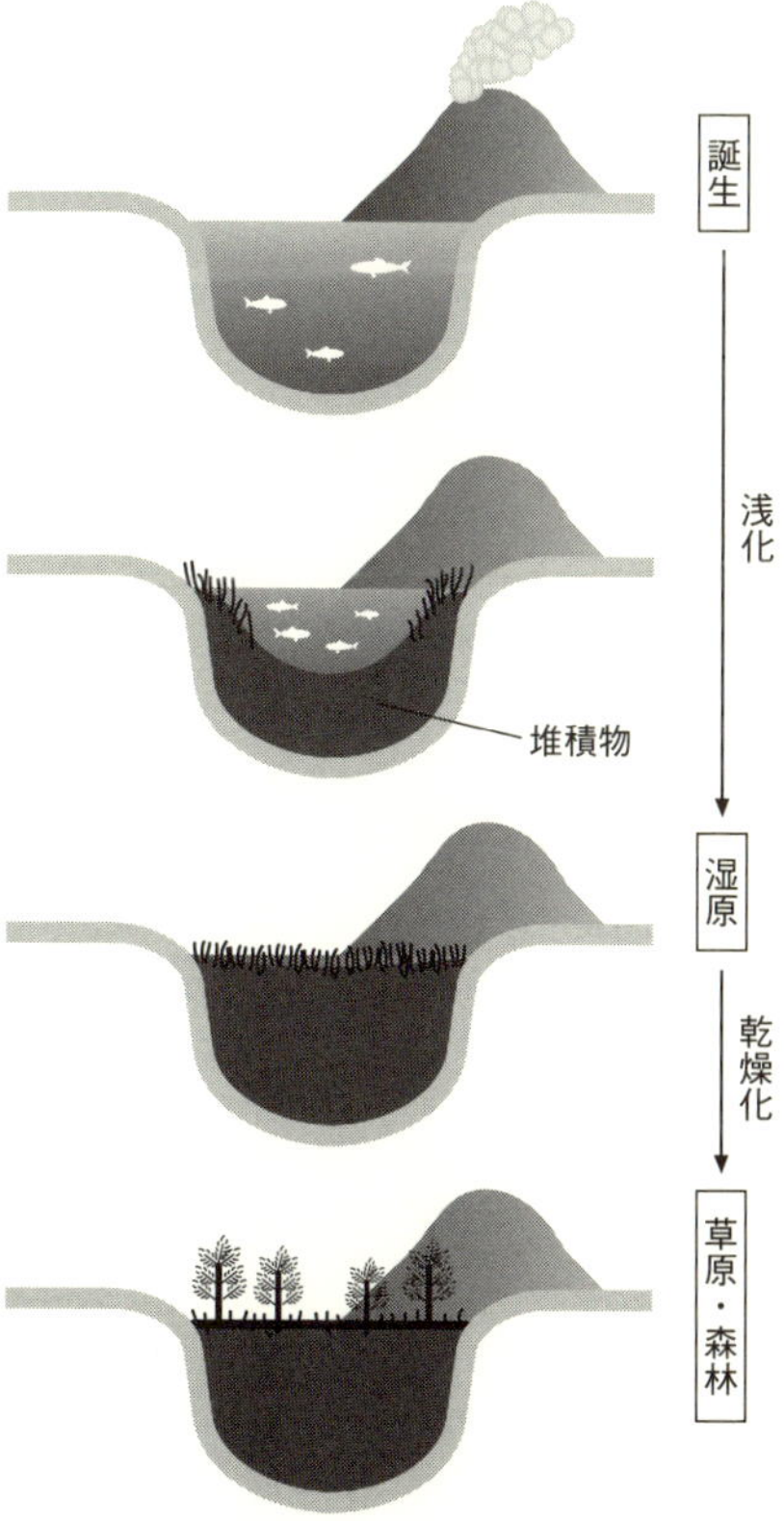

■図1-4　湖の一生。湖は次第に浅くなり、さらに堆積が進むと、湿原、草原、森林へと変化し、湖は一生を終える

■図1-5　2006年7月豪雨では大量の土砂が流れ込み、上川は河口から数百m沖まで土砂が堆積。重機による撤去作業が続いた

て、水深が一mを下るようになると湖全体に水草が生い茂り、湿原となるのである。その後さらに堆積が進むと、最後には湖が完全に埋まって乾燥化し、死を迎えることになる。ただし、誕生したときの湖の深さとその後の堆積速度は、湖ごとで異なり、それによって湖の寿命が決まる。

諏訪湖は周辺の火山活動や大きな洪水によって火山砂や砂礫が溜まり、時に湖の形を変えながら急速に浅くなったとみられている。そして、今でも年間およそ二cmの速度で堆積している。多くの湖の堆積速度が一年間に一mm程度であることから考えると、諏訪湖の堆積速度はかなり速いといえる。これには、諏訪湖に流れ込む川が三一本もあり、その多くが、山地域を流れる急峻な川であることが原因している。なぜなら、大雨が降ると水が一気に流れ下り、多くの土砂を運び込むからである（図1-5）。今でも大雨が降ったあとには、諏訪湖の主要な流入河川である上川《かみかわ》と砥川《とがわ》の河口に土砂が溜まり、川底が浅くなって船が川に上れなくなるという問題が起きている。

この速い堆積速度が、諏訪湖を汚れやすい湖にしたのだ。そして、それとともに諏訪湖の寿命を短くしているのである。これからも年間約二cmという堆積速度が続くと、諏訪湖はあと三〇〇年余りで一生を終えてしまうことになる。

諏訪湖は、人々の生活の場として、また淡水資源の貯水池として、さらに洪水調整池としても重要な役割を担っている。その役割を維持するには、諏訪湖がこれ以上浅くなることは好ましくない。したがって、諏訪湖の浅化にどう対処するか、それが将来の大きな問題となるだろう。

1-3 原因物質は広範囲から

Lake Suwa

諏訪湖は浅い湖であるために、湖水が汚れやすいことをこれまで述べてきた。ところが、湖の深さのほかにもう一つ、水質に影響を与える重要な地理的条件がある。それは集水域の広さである（図1-6）。

集水域とは、湖に流入する水を集める地域全体のことを言う。集水域に降った雨は、その地域内の

■図1-6　湖周はもちろん、八ヶ岳山麓からも水が流れ込む諏訪湖。集水域は諏訪地域の大半、532km²にも及ぶ

地面を洗い、川に入って湖に流れ込む。その時に汚れの原因物質を湖に運ぶのである。なお、雨は湖にも降り注ぐので、湖外から（大気から）の物質が供給される面積（集水域面積）には、通常、湖自身の面積も含まれている。

諏訪湖の集水域は五三二㎢の面積を持ち、諏訪地域の大半を含む（図1-7）。そこに含まれないのは、山梨県に流れ込む釜無《かまなし》川《がわ》水系に入る富士見町《ふじみまち》と、水が直接天竜川《てんりゅうがわ》に流れ込む岡谷市《おかやし》と諏訪市《すわし》の一部である。この集水域の七六・四％は山林・原野が占めており、市街地と農耕地が占める割合は、それぞれ一〇・九％と一〇・二%にしかならない。このことから、諏訪地域には多くの山林・原野があり、それだけ多くの自然環境が残されていることがわかる。ところが、その自然の山林にも窒素やリンといった湖水の汚濁原因物質が存在し、雨がそれを諏訪湖に運んでいるのである。

すると、たとえ人の手が入っていない場所が多くを占めていても、湖に比べて集水域がかなり広いと、その湖は汚れやすくなる。表1-3に、諏訪湖と水質汚濁問題を抱える三つの湖（手賀沼、印旛沼、

諏訪盆地にある主な河川と諏訪湖

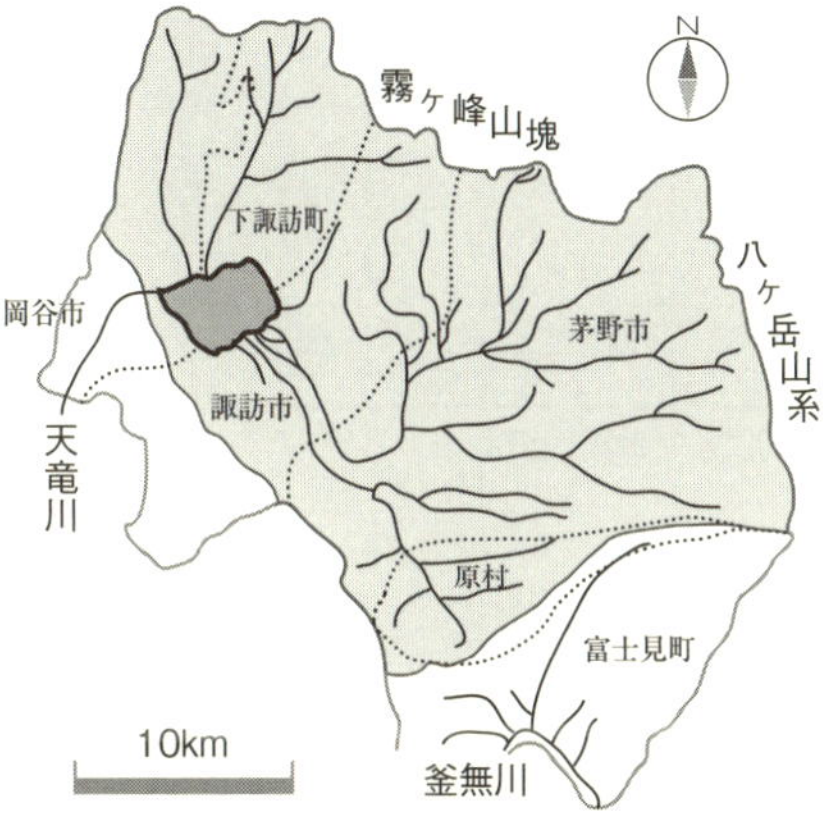

摩周湖

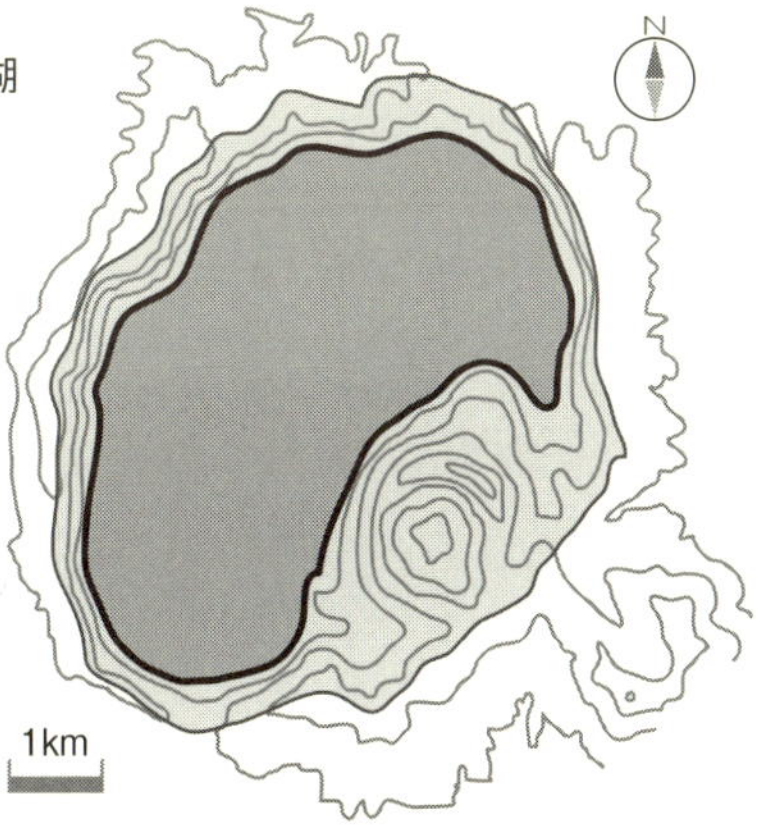

■図 1-7　諏訪湖（上）と摩周湖（下）の集水域。濃いグレーの部分は湖面、その周りの薄いグレーの部分は集水域。摩周湖の外の線は等高線

■表1-3　湖の諸条件の比較

湖	A 湖面積（km²）	平均水深（m）	最大水深（m）	B 集水域面積（km²）	C 容積（百万トン）	B/A	B/C	対流時間（日）
諏訪湖（長野県）	13.3	4.6	6.5	532	61.4	40	8.7	39
手賀沼（千葉県）	6.5	0.9	3.8	158	5.9	24.3	26.8	12
印旛沼（千葉県）	11.6	2.4	2.5	503.6	27.7	43.4	18.2	23
霞ヶ浦（茨城県）	171.5	3.9	7	1597	662	9.3	2.41	204
琵琶湖（滋賀県）	674	41	104	3848	27500	5.7	0.14	2008
摩周湖（北海道）	19.6	146	212	32.4	2860	1.65	0.011	30660

出典：岩熊（1994）、印旛沼白書（1989, 1998）

霞ヶ浦）の湖面積や集水域面積のデータをまとめた。また、それらの湖と比較するために、我が国の代表的な湖である琵琶湖《びわこ》（中程度に汚れた湖）と、日本で最も水が澄んでいる摩周湖のデータも載せた。

さて、表1-3を見ると、諏訪湖の集水域面積と湖面積の比（B／A）は四〇になる。この値は印旛沼とともに、他の湖よりも著しく高い。また、湖面積ではなく、湖の容積を集水域面積と比較（すなわちB／C）してみた。なぜなら、集水域からの汚濁原因物質は水によって湖内に運び込まれるので、それの湖水への影響の評価に有効と考えたからである。すると、その値が最も大きくなったのは、水深が浅く湖の容積が小さな手賀沼だが、諏訪湖も九に近い高い値となった。それに対して、琵琶湖や摩周湖の集水域面積は、湖の面積や容積と比べると、大変小さいことがわかる。特に、水が澄んでいる摩周湖では、集水域面積は湖面積の一・六五倍しかない（図1-7）。その一方で、最大水深は二〇〇mを超している。湖が汚れやすい要因として、浅いこと、そして相対的に集水域が広いことを挙げたが、摩周湖はそれとは反対に、深くて集水域が狭い。だから、日本で最も澄んだ水を湛えていられるのである。

これらのことから、諏訪湖は地理的に汚れやすい性質を持った湖と言える。その諏訪湖の集水域で内陸産業都市が発展し、人口が増え、多くの事業所や家庭で生まれた大量の排水が垂れ流されることになったのである。したがって、諏訪湖は、汚れるべくして汚れたと言えるだろう。また、汚れやすい性質を持った湖であるからこそ、いったん汚れると、昔のように澄んだ水を持つ湖に戻すのが難しいのである。そのため、諏訪湖の水質を浄化するには、努力と時間が必要なのだ。

ただし、そんな諏訪湖にも水質浄化にとってよいことがある。それは、湖水の滞留時間が短いことだ。比較的小さく浅い諏訪湖は、容積があまり大きくはない。そこに三一本の流入河川から多くの水が流れ込んでいるため、湖水は、通常、およそ三九日で入れ替わっている。この滞留時間は、他の比較的大きな湖と比べると短い（表1-3）。そのため、湖に流入する水のなかの汚濁原因物質量を大きく減らすことができれば、湖内の汚れた水を短期間で洗い流すことができ、比較的早く水質が改善される可能性がある。

しかしながら、いずれにせよ、諏訪湖の水質改善の成否は、人々の努力にかかっていることに変わりはない。

1-4 湖の水質汚濁ってなに？

Lake Suwa

一九七〇年代、諏訪湖ではアオコが大発生して湖水が濁り、大きな水質汚濁問題が起きていた（図1-8）。

湖の環境問題を語るとき、この水質汚濁ということばをよく耳にする。ところが、水質汚濁がなぜ生じるのか、それがなぜ問題なのかが、必ずしも正しく理解されているわけではないように思われる。

水質汚濁問題が取り上げられると、それを起こす原因物質として、必ず「窒素」と「リン」の名前が出る。すると、これらの物質をまるで毒性物質のように考える人がいるが、それは間違いだ。実は、窒素とリンは、いわば植物プランクトンの餌なのである。

湖水中には多くのプランクトン（浮遊生物）がおり、それは、植物プランクトン、動物プランクトン、そして細菌プランクトンに分けられる。植物プランクトンは単細胞生物だが、陸上の植物と同様、太陽の光エネルギーを利用して、水中に溶けている様々な物質（炭素、水素、酸素、窒素、リン、カルシウム、鉄などの無機物）を材料として摂取して、自らの体（有機物）をつくり増殖している（図1-9）。その際、それぞれの無機物を一定の割合で必要とする。しかし、すべての物質が水中に十分にあるわけではないので、増殖するうちに一部の物質が不足するようになり、それ以上の増殖ができ

■図 1-8　諏訪湖の湖面に緑色の模様をつけたように広がるアオコ（1995 年 10 月撮影）

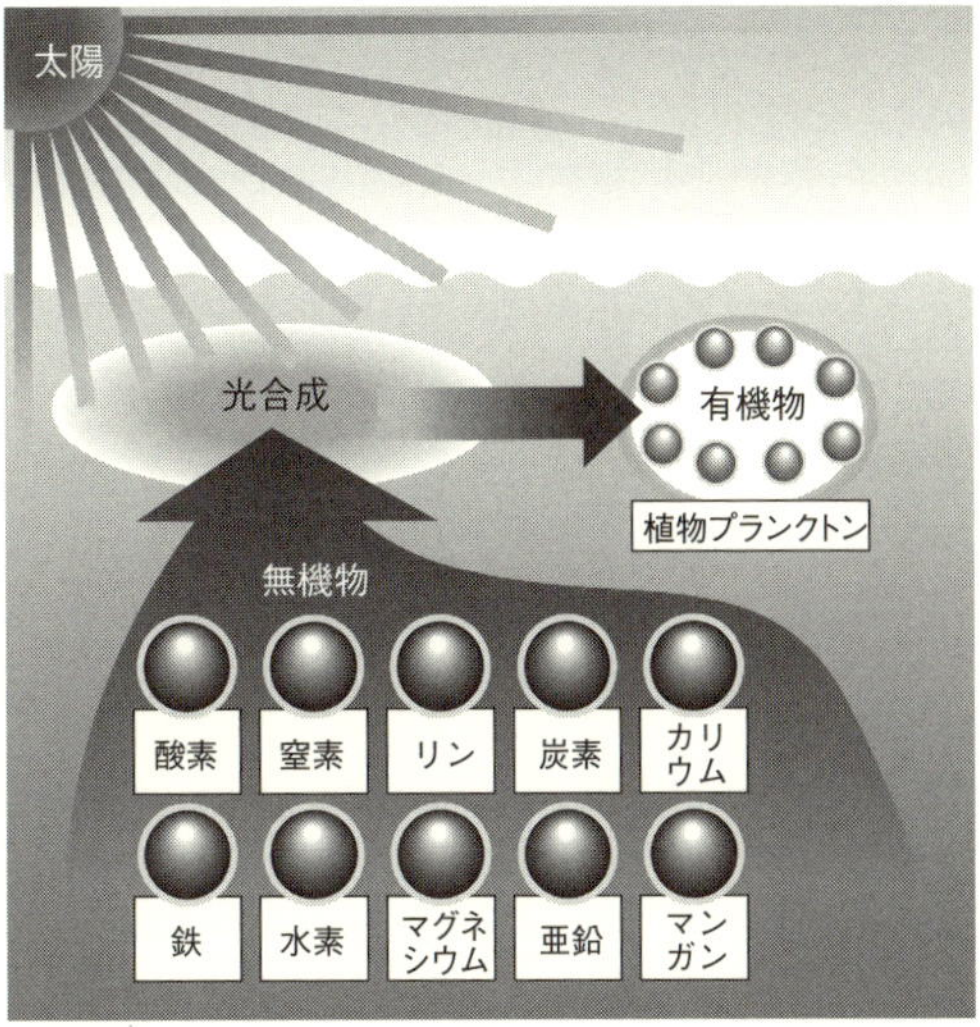

■図 1-9　植物プランクトンは水中から様々な無機物を取り込み、太陽エネルギーを利用した光合成によって、有機物（植物体）をつくる

なくなる。そのときに真っ先に不足する物質が、多くの場合、窒素とリンなのだ。したがって、もしそこに窒素とリンが供給されると、それまで増殖を抑えられていた植物プランクトンが、再び活発に増殖を始めることになるのである。

特に湖水中の窒素やリンの濃度が高くなると、藍藻《らんそう》と呼ばれる植物プランクトンが大量に増えてアオコがつくられる。また、植物プランクトンの細胞の大きさはおよそ〇・〇〇一～〇・〇四㎜と大変小さいが、数は非常に多い。諏訪湖での細胞密度は、湖水一ミリリットル中に一〇万ほどにもなる。そして、光合成に必要な一部の波長の光を吸収する一方で、他の光はよく反射するので、植物プランクトンは水中での光の透過を妨げる。そのため、植物プランクトンが増えると湖水の透明度が低くなり、水が濁って見えるのである。したがって、水質汚濁現象は、増えた植物プランクトンがつくったものなのだ。

このように話すと、植物プランクトンが増えることがなぜ問題なのかと、疑問を持たれる人がいるだろう。なぜなら、陸上では、多くの人が、植物が少ない砂漠より植物の多い環境を好むからだ。

植物プランクトンは、光合成によって無機物から植物体（有機物）をつくる。それによって、植物体のなかに太陽エネルギーが蓄えられることになる。それを動物プランクトンのミジンコが食べ、エネルギーを得て個体数を増やす。そのミジンコは、次に魚に食べられる。このようにして、植物プランクトンの増加は、様々な生物を増やすことになるのだ。そして、すべての生物個体は最後には死に、その死体は細菌に分解されることになる（図1-10）。また、捕食者に食べられた生物の体の一部は未

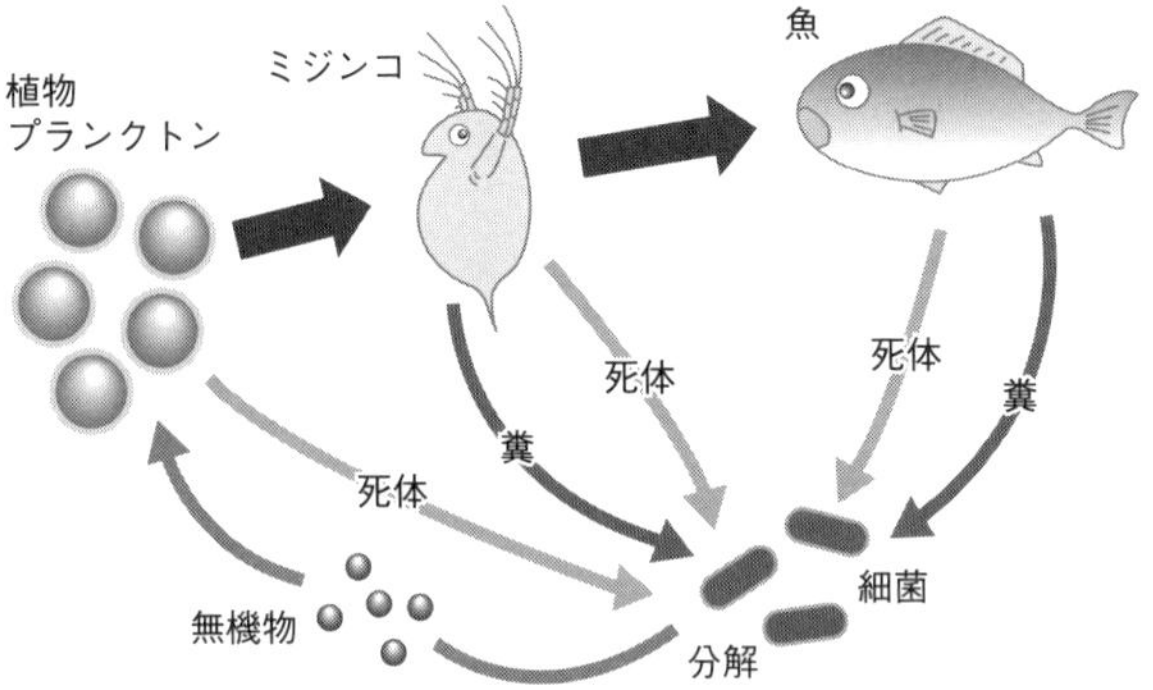

■図1-10　植物プランクトンがつくった有機物は、ミジンコや魚の体に変わり、またはそれらの動物の糞となり、最後には細菌に分解される。その分解によって、有機物をつくっていた物質は無機物に戻り、再び植物プランクトンに取り込まれる

消化排泄物《はいせつぶつ》（糞《ふん》）となり、それも水中で分解される。この分解とは、腐るということだ。すると、水が臭くなり、飲料水源や観光地として湖を利用するのに問題が生じる。また、細菌は有機物を分解するときに呼吸をするため、水中の酸素を消費する。豊富な太陽光が差し込む湖の表層では、植物プランクトンの光合成によって酸素がつくられるため、細菌が酸素を消費しても酸素は十分にあるが、太陽光が届かない湖底近くの暗いところではそうはいかず、酸素濃度が極端に低くなることがある。すると、貝など、湖底に生息している生物は棲めなくなる。

　したがって、水質汚濁問題は、湖水中で増えた窒素とリンが、植物プランクトンを大量に発生させたことに起因しているのである。そして、窒素とリンが湖で増えたのは、家庭や事業所などからの排水にそれらの物質が高濃度で含まれていて、それを処理せずに湖に垂れ流したのが大きな原因であった。

1-5 アオコの正体

アオコ。これは諏訪地域の人には聞き慣れた言葉だ。富栄養化が著しく進んだ諏訪湖では、毎年夏になると、湖面が緑のペイントを流したような状態になり、アオコが発生していた（図1-11）。多くの人は、アオコを、湖面を緑に染める生物の名前と考えているようだが、それは誤りである。アオコの語源は「青粉」で、青い（緑の）粉をまいたような現象をさした言葉である。

アオコをつくるのは植物プランクトンで、藍藻と呼ばれるグループの一部のものである。植物プランクトンは単細胞生物で、陸上の植物と同様、光合成をして増える。藍藻のほかにも、珪藻《けいそう》や緑藻《りょくそう》など、様々なグループがある。

プランクトンは浮遊生物という意味を持つが、比重は水より少し重い。そのため、風による湖水の撹拌がなければ湖水中を次第に沈んでいく。したがって、多くの植物プランクトンはアオコをつくらない。アオコをつくる藍藻は例外で、細胞のなかに気泡を持っており、そのために水面に浮くのである。それによって湖面を覆い、太陽光を独占するのだ。ただし、湖面は生物に悪影響を与える紫外線が大量に降り注ぐ場所でもある。そこで、アオコをつくる藍藻は、紫外線に対する高い耐性を持っている。すると、最強の植物プランクトンのように思われるが、アオコをつくる藍藻は大量の栄養塩、特にリン、

■図 1-11　湖面に緑のペイントを流したようなアオコ。この正体は、小さな植物プランクトンの藍藻だ

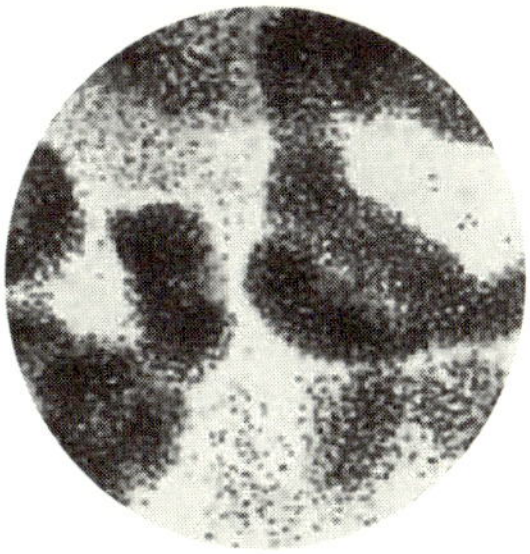

■図 1-12　諏訪湖でアオコをつくる藍藻、ミクロキスティス。黒い粒が藍藻の細胞で、透明なゼリー状物質に包まれて不定形の群体をつくっている（写真提供：朴虎東）

を必要としている。したがって、栄養塩濃度の低い湖では、他の植物プランクトンに負けてしまう。

諏訪湖をはじめ、多くの富栄養湖でアオコをつくる藍藻は、ミクロキスティスという名前を持つ種である。この細胞は丸く、直径が数μmと小さいが、透明なゼリー状物質に包まれた不定形の群体をつくっている（図1-12）。その群体は、時には長径が一㎜にも達する大きさになる。

藍藻は古い生物で、生物の歴史の初期段階で重要な役割を果たした。三八億年ほど前、地球上で初めに誕生した生命は細菌(バクテリア)で、海を生活の場としていた。当初は酸素がなかったので、それらはみな、嫌気性(酸素を嫌う)細菌だった。ところが、三〇億年ほど前になると、そのなかで光合成をするものが現れた。それが藍藻である。光合成をするので藍「藻」と呼ばれるが、細胞の構造は、細菌と同じ、核膜を持たない原核細胞なので、藍細菌(シアノバクテリア)とも呼ばれる。その後、今から二〇億年ほど前になって、核膜を持つ新しいタイプの細胞、「真核細胞」の植物プランクトンが生まれ、さらに活発に光合成をするようになった。それによって、酸素が海水中だけでなく大気中でも増えた。その結果、人類を含め、酸素を利用して生活する多様な生物群が生まれたのである。すると、アオコをつくっている今の藍藻は、我々人類が生まれる道筋をつくってくれた生物の子孫ということになる。その生物が、今になって、環境を大きく変えている人類を困らせているのだ。これは何かを示唆しているように思えてならない。

アオコが発生すると、湖水がカビ臭くなる。これは藍藻がカビ臭をつくるためである。それは、藍藻が細菌の仲間であるからだろうか。このことが、水道水源として湖を利用しているところで問題となる。さらに、藍藻の多くは毒素をつくるので、それがまた問題を大きくすることがある。例えば、ミクロキスティスはミクロキスティンと呼ばれる毒素をつくる。ただし、この毒素は、細胞が死んで壊れたときに湖水中に溶け出すが、ほどなく細菌によって分解されるために、水中濃度はあまり高くはならない。

ところで、なぜ、藍藻は毒素をつくるのか。それが研究者の間で大きな疑問になった。当初は、陸

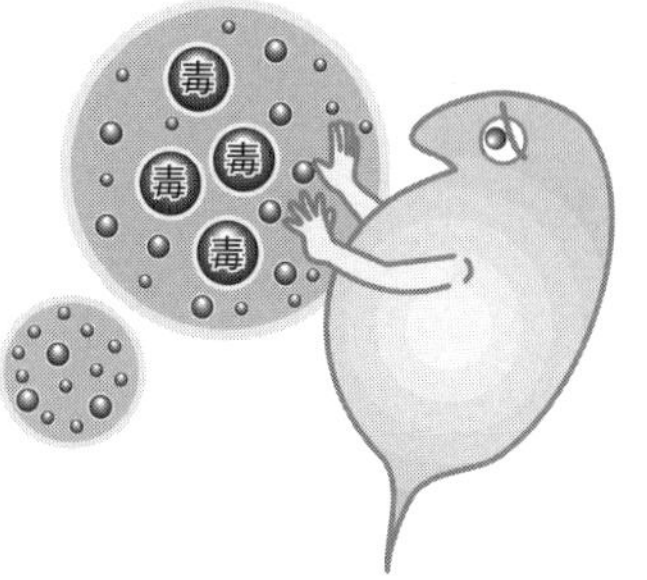

■図1-13　湖水中でのミクロキスティスは大きな群体をつくっていて、ミジンコは食べることができない

上で毒素をつくる植物と同様、それで捕食者を殺して身を守るためと考えられた。そして、実験室で培養した単細胞の（群体をつくらない）藍藻を捕食者であるミジンコに与えると、期待通りそれを食べたミジンコが死んだ。ところが、湖水中の藍藻は大きな群体をつくっているため、ミジンコには食べられないのである（図1-13）。すると、毒素は役を果たしていないことになる。藍藻がなぜ毒素をつくるのか。これは、いまだに大きなミステリーだ。

1-6 アオコがつくる湖内環境①—酸素

今、地球規模の環境問題が注目されている。この問題は、地球上の至るところに分布を広げ、また巨大な人口に膨れ上がったヒトという生物の活動が、地球全体の環境に影響を与えたことに起因している。ところが、生息域全体の環境を著しく変える生物は、ヒトだけではない。それはアオコが発生した諏訪湖を見ているとよくわかる（図1-14）。

■図1-14　湖面で遊んでいるとわからないが、アオコは湖内の環境を大きく変えている

図1-15に、藍藻によるアオコが発生していたときの諏訪湖の水中の環境（水温と溶存酸素濃度）を示す。これは一九八七年七月下旬に採られたデータで、一年で最も水温が高くなる時期である。表面の温度は二五℃を超えており、それは水深三mまで変わらなかった（図1-15[a]）。このことは、湖面から水深三mのところまでは、湖水がよく混ざっていたことを示している。適度な風によって湖水が撹拌されていたのだろう。ところが、水深が三mよりも深くなると急速に温度が下がり、湖底では二〇℃を切っていた。

第1章第1項で、湖水の水温が水深に応じて大きく異なることを紹介した。湖底の水深が一〇mを大きく上回る深い湖では、夏になると、温かな表水層と冷たい深水層に分かれ（これを「成層する」と言う）、両者の間の温度差は二〇℃以上になることもある。深水層には、冬に冷やされた冷たい水が残っているためだ。一方、諏訪湖のような浅い湖では、風によって比較的容易に湖水全体が撹拌されるので、湖底近くにそのような冷たい水の層はつくられない。しかし、その諏訪湖でも、強い風が吹かない穏やかな日が続くと、湖水が成層する。これには、湖水の昼夜の温度変化が関わっているのだ。夜になると水温が下がり、昼には太陽によって湖水が温められる。温かくなった水は湖面のほうへ上り、湖底には夜間に冷やされた水が残ることになる。それによって、図1-15に示したような水温の鉛直分布がつくられるのである。

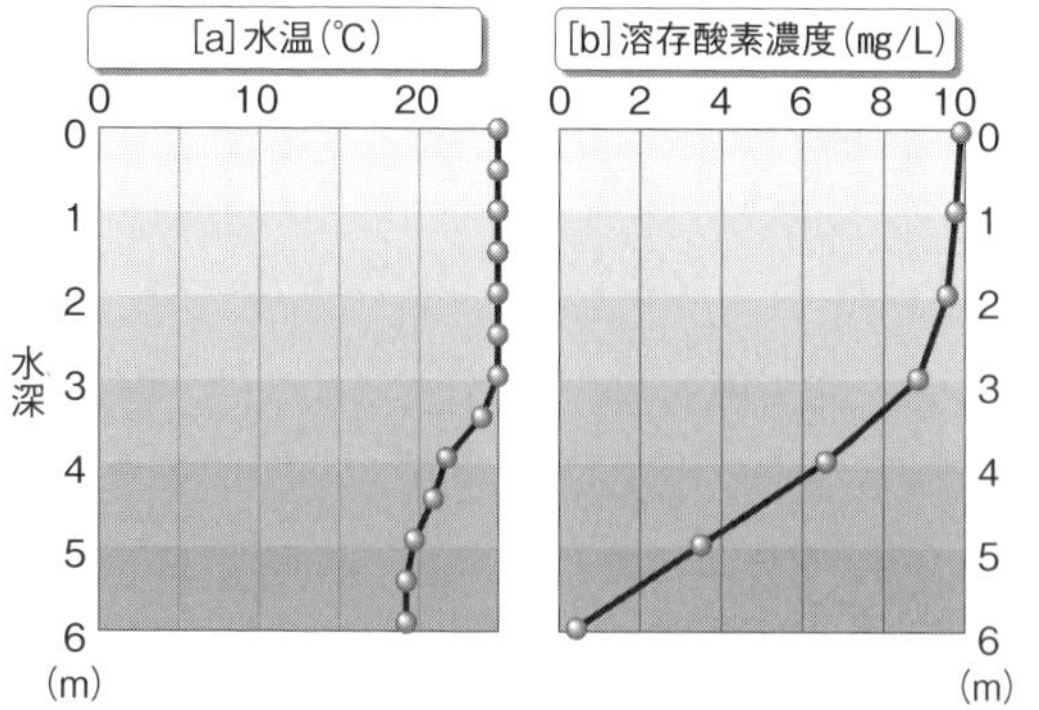

■図 1-15　諏訪湖における夏（1987 年 7 月 29 日）の水温 [a] と溶存酸素濃度 [b] の鉛直分布。出典：沖野・花里（1997 年）

次に、溶存酸素の図を見ていただきたい（図1-15[b]）。表水層の溶存酸素量は一リットル当たり一〇mgの値になっており、それは水深三mまで大きな変化はない。これは、水深〇～三mの層の水がよく混ざっていたからである。ところがそれより深くなると、水深が増すにつれ溶存酸素濃度がどんどん下がり、湖底ではほとんどゼロになっていた。

この表水層の酸素濃度は、実は驚くほど高い値なのだ。

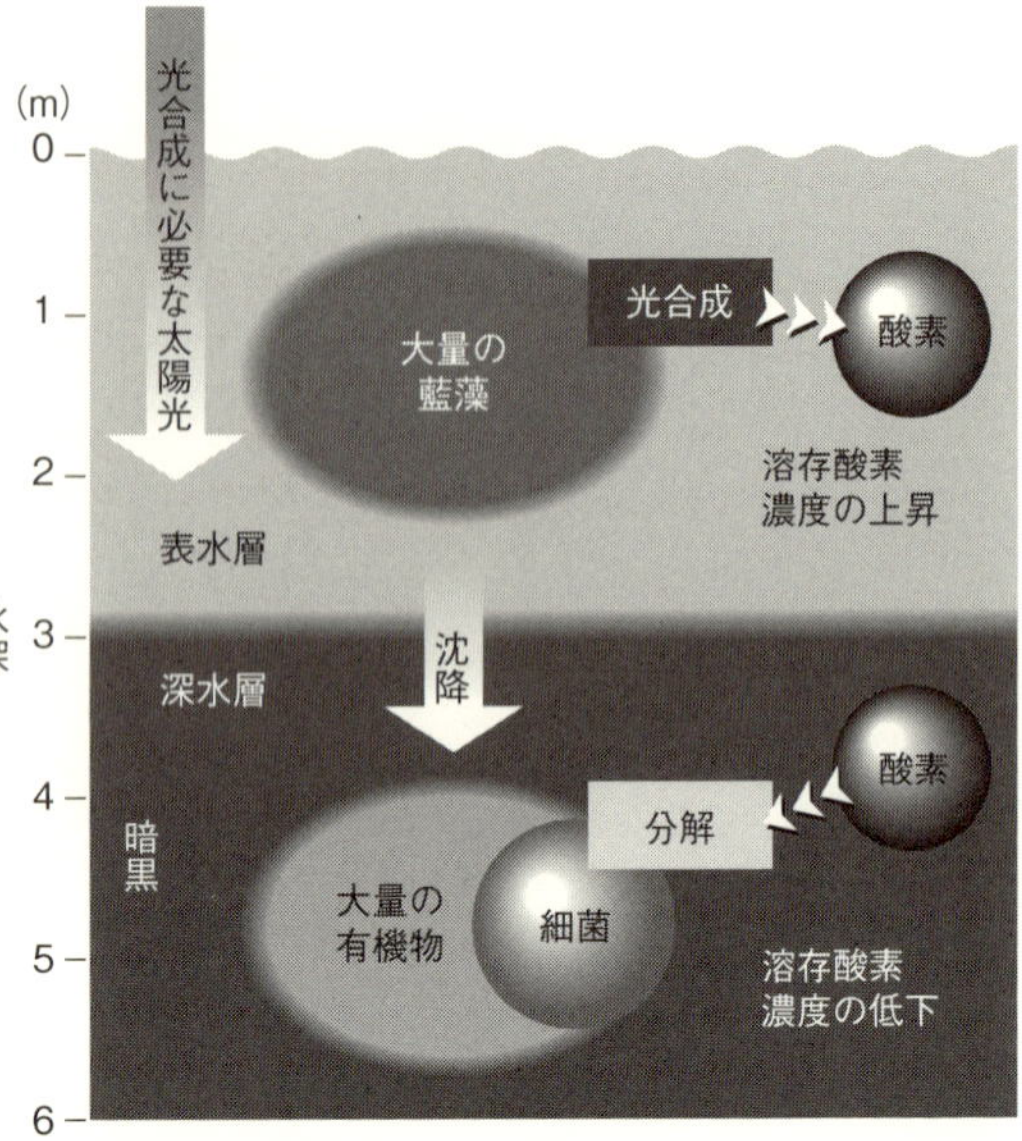

■図1-16　大量に発生した藍藻によってつくられた諏訪湖の湖内環境。表水層は酸素が多いが、深水層では酸欠状態となっている

水に溶ける酸素の量は、水温と気圧の影響を強く受ける。水温が高くなると減少し、気圧が高くなると増加する。そこで、調査時の水温二五℃と諏訪湖の標高（七五九m）の気圧における飽和酸素濃度（純水に溶ける最大酸素濃度）を計算すると、一リットル当たり七・三八mgとなった。すると、諏訪湖の表水層で観測された溶存酸素濃度は、飽和酸素濃度より一・三七倍も高いことになる。これは、大発生した藍藻が盛んに光合成をして大量の酸素をつくっていたためであり、本来なら溶けきれない酸素が無理やり溶かされていたのだ（図1-16）。

一方、深水層の湖水中には酸素がほとんど含まれていなかった。ここで酸素がなくなったのは、死んだ藍藻が大量に湖底に沈み、それを細菌が分解したことによる。そのとき、細菌は呼吸をして、大量に酸素を消費したのである（図1-16）。

深水層で酸素がなくなるためには、もう一つ必要な条件がある。それは、深水層が暗いということだ。もし太陽光が湖底まで届いていたなら、そこにいる植物プランクトンによって光合成が行われ、酸素がつくられることになる。調査された日の諏訪湖では、表水層で大量に増えた藍藻によって太陽光が遮られ、植物プランクトンが酸素を生産するのに必要な光量（湖面に注がれる太陽光の一％以上の光量）は、およそ二mの水深までしか届いていなかった（図1-16）。そのため、湖水が混ざらない水深三m以深の層は、植物プランクトンにとっては暗黒の世界だったのだ。そして、湖底の酸欠は、そこに棲む貝類に大きなダメージを与えた。諏訪湖全体の環境を大きく変えた藍藻は、まるで今の地球上に住む人間のようだ。

1-7 アオコがつくる湖内環境②—pH

前項では、アオコが発生しているときの諏訪湖で、水中の溶存酸素濃度が水深に応じて大きく異なることを紹介した。今回はその続きで、水のpHに注目してお話ししよう。

前項と同様に、アオコが大発生していた一九八七年七月二九日の諏訪湖の水質調査（図1-17）の際の諏訪湖の湖内環境を例とし、そのときの水温とpHのデータを図1-18に示す。前項でお話ししたが、

■図1-17　諏訪湖での水質調査

このときの水温は、湖面から水深三mまでがほぼ二五℃で変わらず、それより深いところでは水深が深くなるほど低下した。水深〇～三mの層で水温が一定だったのは、この層の水が風の撹拌により混ざっていたためである。そうなると、pHもこの層ではほぼ一定になり、その値は九・八五～九・六〇の範囲内にあった。そして、それより水深が深くなるとpHが低下し、湖底付近では七・六五という値が計測された。

このpHの値を見て、驚いた読者がいるのではないだろうか。表水層のpHは一〇に近い。これは、湖水がかなりのアルカリ性であることを示している。以前、諏訪湖のpHを測った人が私を訪ねてきたことがあった。その人は、湖水の高いpHに驚き、どこかから強いアルカリ性の物質が諏訪湖に流れ込んでいるのではないかと心配したのである。実は、湖水のpHを高くしたのは、人間が排出した物

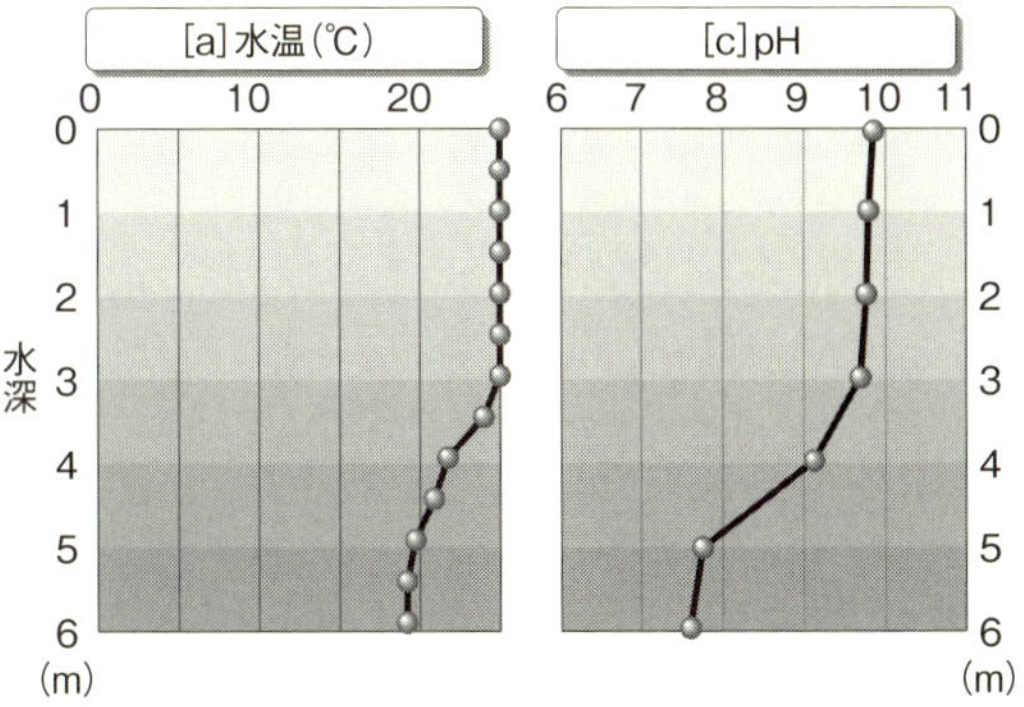

■図 1-18　諏訪湖における夏（1987 年 7 月 29 日）の水温 [a] と pH[c] の鉛直分布。出典：沖野・花里（1997 年）

質ではなく、諏訪湖でアオコをつくっていた藍藻なのである。

これを理解していただくために、まずpHの話をしよう。pHは水中の水素イオン（H^+）濃度の指標である。水素イオン濃度が高いと水は酸性になり、pHは低くなる。逆に、その濃度が低下すると水のpHは高くなってアルカリ性となるのである。

次に、水中に溶けている二酸化炭素（CO_2）の濃度が変化するとpHが変わることの理解が必要だ。子どもの頃、学校の理科の実験で、ストローを使って純水に息を吹き込むと、その水のpHが低くなるのを観察した人が多くいるのではないだろうか。これは、人の吐く息に多く含まれていた二酸化炭素が水に溶け込んだことによって生じた現象だ。

このとき、図1-19に示した下向きの化学反応が起きた。まず、水に二酸化炭素が溶けると炭酸がつくられる。すると、その一部がイオン化して水素と重炭酸イオンに分かれる。また、重炭酸イオンがつくられると、そのまた一部が水素イオンと炭酸イオンに分かれるのである。そうなると、結果として水中の水素イオンが増えることになり、pHが下がる。そして、最後には、この炭酸、重炭酸イオン、

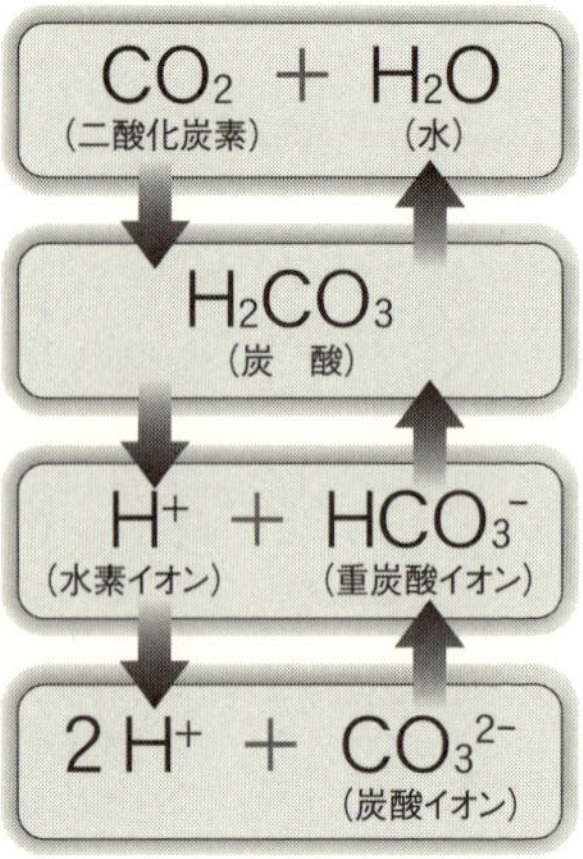

■図1-19　二酸化炭素が水に溶け込んだときの化学反応

炭酸イオンの量が平衡状態になるのだ。ところが、そこにまた二酸化炭素が加えられると、さらに下向きの矢印の方向に化学平衡が進むようになり、さらにpHは低下する。一方、それとは逆に、もし水中の二酸化炭素の量が減ると、それを補充するように化学平衡が逆向き（上向きの矢印の方向）に進み、水素イオンが減ることになる。そうなると、水中のpHが上がり、アルカリ性になるのだ。

今、水がアルカリ性になるのは、水中の二酸化炭素量が減ったときだと述べた。ここで考えてみてほしい。植物は光合成をするときに、二酸化炭素を取り込んで酸素を放出する。これは湖水中の植物プランクトンも同じだ。すなわち、植物プランクトンは、光合成によって水中の二酸化炭素を減らして水をアルカリ性にしているのである。したがって、アオコが発生している諏訪湖表層のpHが高かったのは、大量に増えた藍藻が活発に光合成をした結果だったのだ。

一方、表水層に比べ深水層のpHはかなり低かった。これは、その層に太陽光が十分には届かず、植物プランクトンの光合成が抑えられたこと、また、死んだ有機物の分解が進み、そのとき細菌が活発に呼吸をして二酸化炭素を水中に放出したためだったのである。

ところで、湖水のpHが一〇近くにまで上がると、多くの生物に悪影響が及ぶのではないかと心配する人がいるかもしれない。しかし、湖水中の生物は、けっこうアルカリ性に強く、問題はほとんど起きていない。

一方、生物たちは酸性には弱い。アオコをつくるために嫌われ者になっている藍藻は、湖水が中性に近づくだけで勢いが落ちてしまう。また、pHが六を下ると、ほとんどの魚は生きていけなくなり、五を下ると大型ミジンコが湖から姿を消すことが知られている。酸性雨による湖沼の酸性化が大きな環境問題になる所以《ゆえん》である。

1-8 湖水に及ぼす風のはたらき

「すす水」という言葉を知っているだろうか。昔、アオコが大発生していた夏の諏訪湖で、湖岸近くに黒いすす色の水が上がってくることがあった。これを「すす水」と呼んだのである。この黒い水は、湖の深水層にあった溶存酸素濃度の低い水である。『湖沼の生態学』（沖野外輝夫 著）によると、すす水が現れると、湖岸近くに生息していたエビが、酸欠を嫌って岸辺に飛び出してきたそうだ。すると、容易にエビを捕獲することができ、夜はエビの唐揚げを楽しむことができたとのこと。ところが、このすす水は、漁業には大きな損害を与えた。当時の諏訪湖では、コイの網いけす養殖が盛んで、

■図1-20　昭和40年代に撮影されたコイの網いけす。諏訪湖の湖岸近くにつくられた網いけすでは、すす水によって、なかのコイが大量死することがあった（写真提供：県水産試験場諏訪支場）

すす水が湖底から上がってくると、その酸素量の少ない水塊がいけすを飲み込み、コイが大量死するという事件が起きたのである（図1-20）。

では、なぜ諏訪湖にすす水が現れたのだろうか。

夏の諏訪湖では、昼夜の日射量の違いによって、温度が最大で五℃程度異なる湖水がつくられる。そして、暖かい水が表水層に上り、冷たい水が深水層に降りて成層する。深水層では、表水層から沈んできた大量の有機物（生物体）が細菌によって分解され、溶存酸素濃度の低い貧酸素層が生まれることになる（図1-21[1]）。

このとき、白波が立つような強い風が吹くと、浅い諏訪湖の水はよく撹

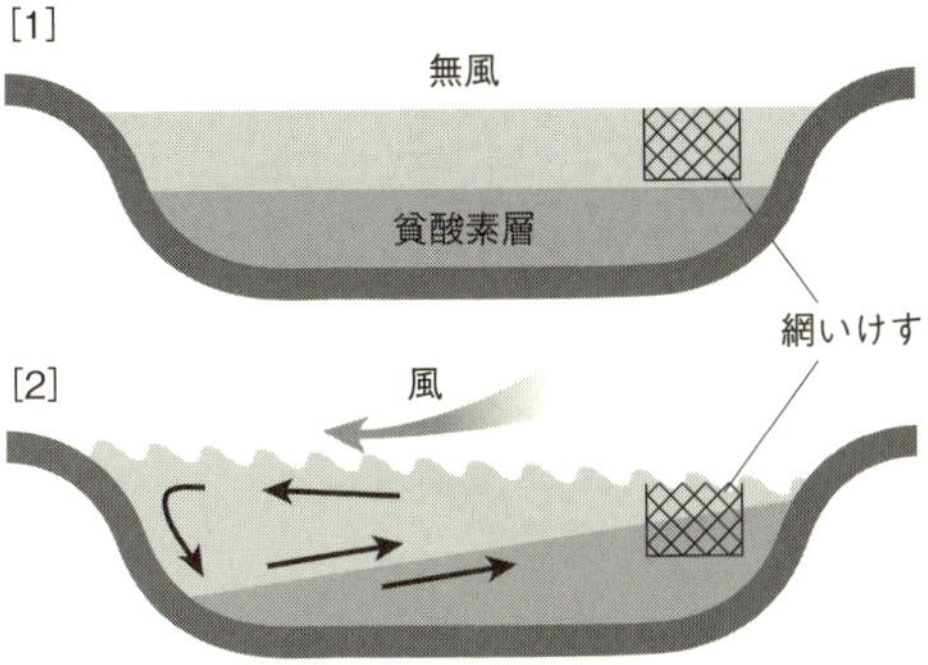

■図1-21　アオコが発生している諏訪湖で起きた「すす水」現象。無風のときに底層につくられた貧酸素層[1]は、適度な風が長く吹くと、風上側で盛り上がり、網いけすを飲み込んだ[2]。湖水中の矢印は水の流れを示す

拌されて、酸素を含む表水層の水が湖底に運ばれ、貧酸素層はなくなる。ところが、中程度の風が、一定の方向にしばらく吹き続けると、湖水全体は攪拌されず、表水層の水だけが風下に吹き寄せられることになる。すると、その風下では湖水面が上昇するのである（図1-21[2]）。そうなると、風下で表水層の厚さが増して重くなり、冷たい深水層（貧酸素層）を押し下げる。すると、押し下げられた貧酸素層は風上側に押しやられ、その結果、風上側の岸近くで盛り上がることになる。そして、ついには湖面にまで達して、岸の近くにいたエビを湖岸に追い出し、網いけすのなかのコイを窒息させることになるのである（図1-21[2]）。

実は、同じような現象が海でも起きている。「青潮《あおしお》」と呼ばれる現象がそれだ。

東京湾《とうきょうわん》や三河湾《みかわわん》など、湖のように水の入れ替わりが悪い海水域では、富栄養化の結果、海底に大量の有機物がたまり、それが分解されて貧酸素層がつくられる。そして、強風が陸上から沖に向かって吹くと、表水層の海水が湾外に出ていき、その後を補充するように、海底にたまっていた貧酸素水塊が上昇してくる。この水塊は、海底

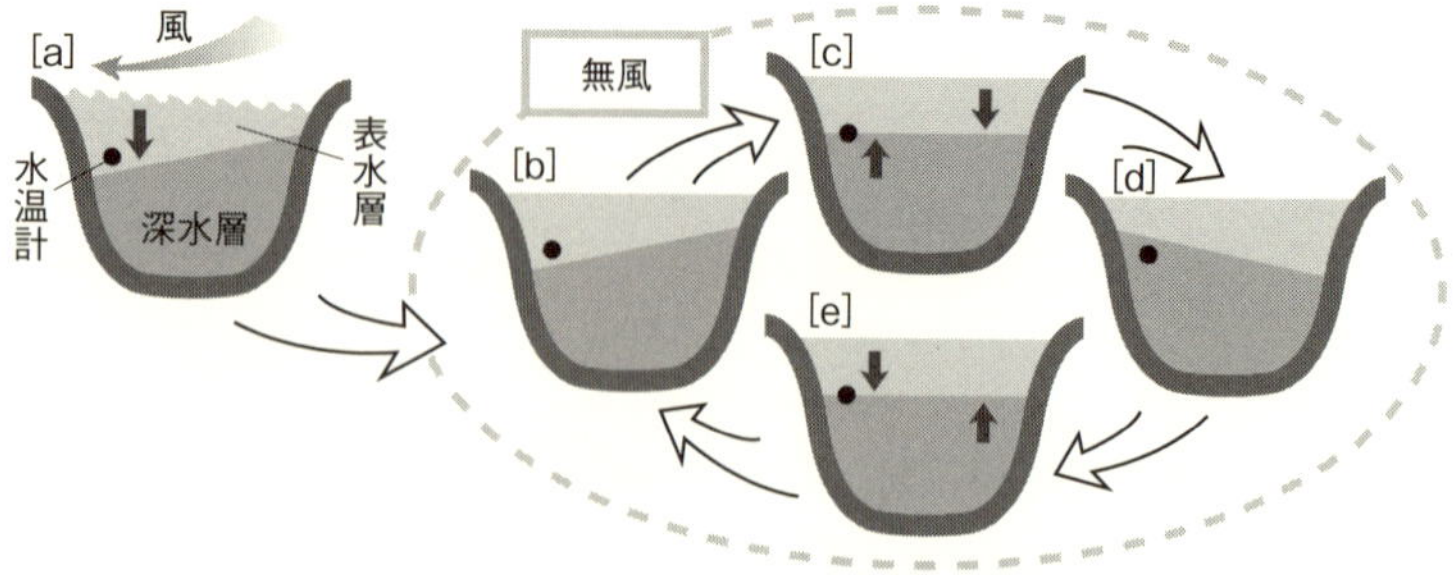

■図1-22　深い湖で起きる静震。図[a]～[e]の説明は本文を参照。湖水中の矢印は、表水層と深水層の境界面の上下の動きを示す。なお、水温計を図中に示した位置に固定しておくと、二つの層の境界面が上下することで、水温計が表水層（暖かい層）と深水層（冷たい層）のなかに交互に入ることになり、水温が周期的に上下する様子をとらえることができる

に多く存在していた硫化物によって青っぽく見えるため、青潮という名で呼ばれるようになった。これもまた、沿岸域の栽培漁業に大きな悪影響を与えることがある。

ところで、すす水は、たいてい富栄養化した浅い湖で起きるが、深い湖でも、風によって暖かい表水層と冷たい深水層の境界面が動くことが知られている。

深い湖の場合は、深水層に冬の冷たい水が残っており、そこの水温は、表水層よりも二〇℃以上も低くなることがある。そうなると、その二つの層の水の比重の差が非常に大きくなるため、強風が長く吹き続いても湖水全体は混ざらない。ただし、その風は、すす水現象を生んだ風と同様、風下側に表水層の水を運び、その下にある冷たい水の層（深水層）を押し下げる。そして次に、風上側で深水層の水塊を上昇させる（図1-22[a]）。ところが、その後、風が収まると、風下での深水層を押し下げる力が低下し、盛り上がっていた風上側の深水層が、自らの重みで沈む。すると、それによって今度は風下側の深水層が盛り上がる。そして、

それがまた風下側の深水層を押し上げる（図1-22[b]→[c]→[d]→[e]）。

こうやって、表水層と深水層の境界面が、まるでシーソーのように振動し、それが何回か続くことになる。すなわち、その境界面がゆっくりと波打つのである。

このような震動は、静震と呼ばれている。一九八二年には、日光《にっこう》の中禅寺湖《ちゅうぜんじこ》で、周期は一二〜一三時間、震幅は二〜四mの静振が観測されている（村岡・平田、一九八四）。

湖面を走る風は、湖面を波立たせるだけでなく、水面下の湖水も震動させているのだ。そしてそれは、水中の生き物たちの生活にも影響を与えているのである。

1-9 水草が湖内環境を変える

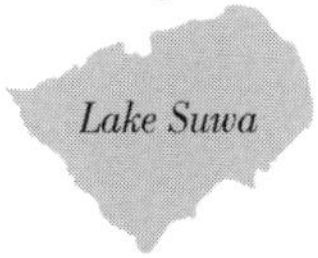

これまで、夏の諏訪湖の沖では、水中の環境が水深に応じて（鉛直方向に）大きく異なることをお話ししてきた。水の物理的な性質によって暖かい表水層と冷たい深水層に分かれ、表水層では酸素が多くてpHが高く、深水層ではそれとは対照的に酸素がほとんどなくなってpHが中性に近くなる。そして、それには、植物プランクトンによる光合成と細菌による分解作用が関わっていることを説明した。

ところが、諏訪湖の環境はもっと複雑だ。鉛直方向だけでなく、水平方向にも不均一な環境がつくら

■図1-23　終末処理場の前の岸辺につくられた典型的な水草帯。奥に丈の高いヨシが生い茂り、その手前に丈の低いマコモが生えている。その抽水植物帯の外(写真手前)には、浮葉植物のアサザが湖面を覆っている

れるのである。それには水草が関わっている。

水草の多くは水深の浅い沿岸域に分布する(図1-23)。諏訪湖には様々な水草種が生えているが、生活様式で三つのグループに分けられる。

一つは岸辺の浅いところに分布する抽水《ちゅうすい》植物だ。湖底に根を張り、しっかりとした茎をつくって水面上にまで植物体を伸ばす。諏訪湖では、最も岸寄りにヨシが生え、その外側にマコモが分布する(図1-24)。ちなみに、ヨシの本来の名前は葦《あし》である。葦は「悪し」と同音なので、縁起が悪いということでヨシ「良し」と呼ぶようになったそうだ。「悪し」がだめなら反対の「良し」にするとは、昔の人は大胆なことを考えたものだ。

抽水植物帯よりも深く、湖底の水深が四〇〜一〇〇cm程度のところには、湖底に張った

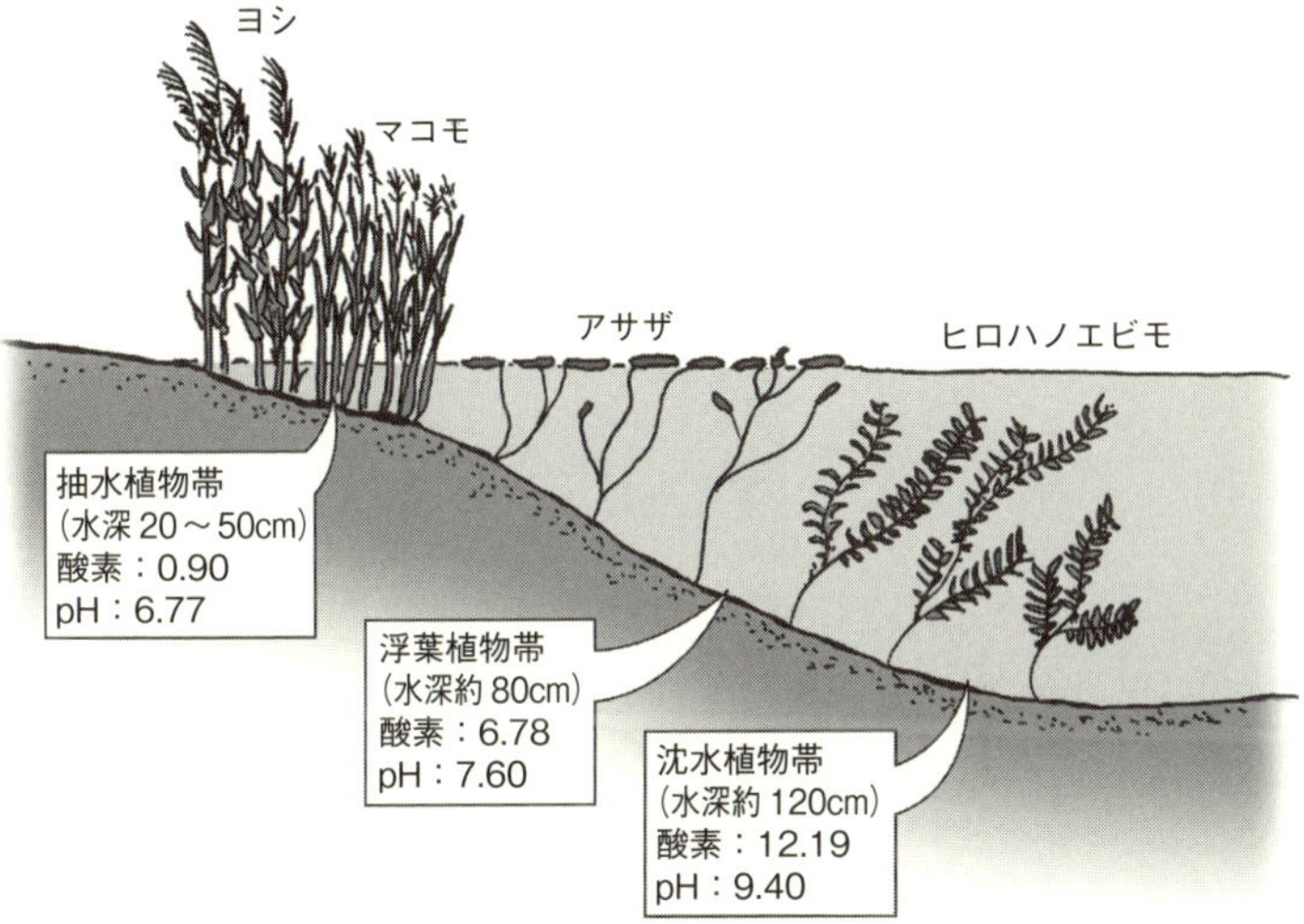

■図1-24　諏訪湖の水草帯の構造と、各植物帯における水中の溶存酸素濃度（図中「酸素」と表記、mg/L）とpH

根から柔軟な茎を伸ばし、葉を水面に浮かせる浮葉植物が生える（図1-24）。これが二つ目のグループだ。諏訪湖では丸い葉を浮かせるアサザと菱形《ひしがた》の葉を持つヒシがよく見られる。

そして、さらに沖側に移動して、湖底の水深が一mを超えるようになると、三つ目のグループの沈水植物が優占する（図1-24）。これは、植物体のすべてが水面下にある水草だ。夏になると、湖面近くまで伸びてきたヒロハノエビモ（図1-25）、ササバモ、クロモなどの姿を、船の上から見ることができる。

さて、諏訪湖でアオコが発生している夏の日に、水草帯のなかに船を突っ込み、湖面近くの湖水の溶存酸素濃度とpHを測ってみた。すると、ヨシ帯の溶存酸素濃度は、湖水一リットル当たり〇・九〇mgで、pHは六・七七であっ

■図1-25 草丈が水面にまで達した沈水植物のヒロハノエビモ（荒河尚撮影）

た（図1-24）。なんと、ほとんど酸素がなかったのである。ところが、そこから数m沖側のアサザが繁茂しているところでは、溶存酸素濃度が湖水一リットル当たり六・七八mgと、十分な量の酸素があった。またpHは七・六〇で、ヨシ帯よりも高く、アルカリ性であった。さらに船を沖側に移し、ササバモとヒロハノエビモが繁茂する沈水植物帯で測定すると、溶存酸素濃度は湖水一リットル当たり一二・一九mgと過飽和状態を示しており、pHは九・四〇と強いアルカリ性を示した。

抽水植物体から沈水植物体までのわずかな距離の間で、水中の環境が大きく異なっていたのだ。その現象は次のように説明できる。

ヨシは密生して湖面上で葉を茂らせている。その葉が太陽光を遮り、ヨシ原のなかを暗くした。そのため、水中に植物プランクトンが存在しても光合成ができず、酸素がつくられなかった。一方、底には枯れた水草などの有機物が多く、それを細菌が分解して酸素を消費し、二酸化炭素を放出した。そのため、溶存酸素濃度が極端に低くなり、pHも低い値になった。ここの環境は、諏訪湖中央の深水層につくられるものと同じである。

アサザが生える浮葉植物帯では、水面に展開する葉のすきまから太陽光が水中に入り込み、植物プランクトンの光合成を促す。そのため、酸素がつくられると同時に水中の二酸化炭素が吸収されるため、溶存酸素濃度とpHがヨシ原内よりも高くなった。この傾向は、さらに水面が開けた沈水植物帯で顕著になる。また、沈水植物は、葉を水中に沈めているので、それ自身が水中で光合成をする。そのため、水中で二酸化炭素を吸収し、酸素を放出しているので、これもそこの環境づくりに寄与している。この水域では、諏訪湖中央の表水層と同様の環境がつくられているのである。

この調査で、水草帯につくられる環境が場所によって異なることが示されたが、その環境は季節によっても大きく異なる。例えば、ヨシ原では、植物体がまだ十分に伸びていない四~五月には、豊富な太陽光が水中に供給されるので酸素が十分につくられるが、ヨシが成長して葉を茂らす六月になると急速に酸素濃度が低下する。すなわち、水草帯では、時間的、空間的に不均一な環境がつくられているのである。これが、多様な生物種が湖で生息することを可能にする大きな要因となっている。

1-10 水草が減り、汚濁が進んだ

諏訪湖は古くから研究されている湖だ。日本での湖沼研究の歴史は、田中阿歌麿《たなかあかまろ》氏による一八九九年の山梨県山中湖《やまなかこ》の測深によって始まったとされている。そのわずか八年後には諏訪湖の総合的な調

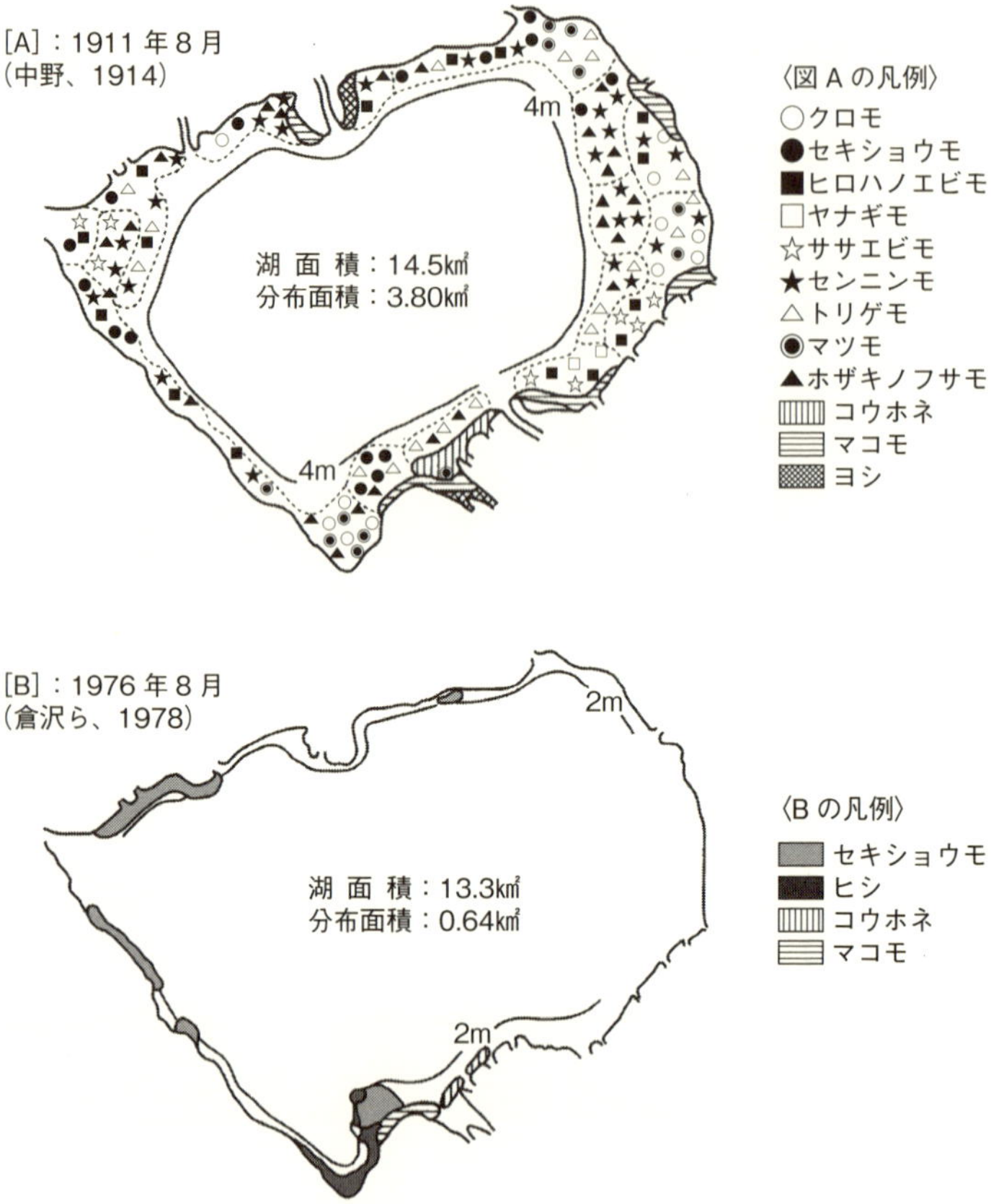

■図 1-26　1911 年 [A] と 1976 年 [B] の夏の諏訪湖における水草の分布。出典：『URBAN KUBOTA』No.36（株式会社クボタ発行）から一部転載

査が行われ、一九一一年には水草の種類と分布が調査された。

当時の諏訪湖は水草が豊富な湖だった。クロモ、ヒロハノエビモ、ホザキノフサモなどの沈水植物が多く、水深四・〇mよりも浅い水域に広く分布していた。その分布面積は湖面積の二五％に及んでいた（図1-26[A]）。ところが、その後、水草は次第に減っていき、アオコが発生していた一九七六年には、岸の近くの限られた所にわずかな種類が生えるのみとなり、分布面積は湖面積のわずか四・八％になってしまった（図1-26[B]・1-27）。

この水草帯の衰退には、水質汚濁に伴う透明度の低下が大きな原因と考えられる。湖の周辺地域から窒素やリンが湖内に流入し、植物プランクトンを増加させた。それが湖水の透明度を下げ、湖底で春の芽生えを待つ水草に、太陽光が届かなくなったのである。

諏訪湖での水草の大きな減少は、この湖の水質汚濁を加速させたと考えられる。なぜなら、水草の多くは、湖沼の水質を浄化する働きがあるからである。

実際に、水草が広く繁茂するようになったら湖の水質浄化が進んだ、という事例が報告されている。私もその現象を白樺湖《しらかばこ》で観察した。白樺湖は人造湖で、湖面積〇・三六km²の比較的小さな湖である。一九九八年に外来の沈水植物のコカナダモが目立つようになり、分布面積が湖面積の約一〇％を占めるようになった。このときの湖水の透明度は二mほどと、それ以前と大差なかった。ところが、翌一九九九年になって、コカナダモが湖面積の三〇％を占めるまでになると、急に水質が改善され、透明度が三mにまで上昇したのである。

■図1-27　水質汚濁により、湖岸の水草帯が失われた諏訪湖

水草が増えるとなぜ水質が浄化されるのか。この疑問に対して、水草によるいくつかの水質浄化作用が指摘されている（図1-28）。

一つは風による湖水の攪拌を抑えるということである。水草が生えやすい浅い水域では、湖水は風により攪拌され、湖底に溜まっていた窒素やリンが水中に巻き上げられる。そして、それは水中の植物プランクトンの増殖を促す。その窒素やリンの巻き上げが、水草によって抑えられるのである。そのうえ、植物プランクトンの多くは、比重が一よりも少し大きいので（水よりも少し重いので）、水草が湖水の攪拌を抑えれば、植物プランクトンを湖底に沈降させ

■図 1-28　水草による水質浄化作用の模式図。水草は、風による湖水の撹拌を抑えたり、他感作用物質により水草の体表に着く付着藻類や植物プランクトンの抑制したり、水質浄化の働きをする大型ミジンコの隠れ場所を提供したりする

ることになる。これは水中から植物プランクトンを除去することになる。

また、複数の水草種（特に沈水植物）が藻類に悪影響を与える他感作用物質を放出していることが知られている。水草がこれを放出する意義は、水草の体表に着く付着藻類を減らすためと考えられている。付着藻は水草上で増殖し、体表を覆って太陽光を遮るので、水草にとって困りものだ。付着藻は植物プランクトンと同じ単細胞藻類なので、水草が出す他感作用物質は水中の植物プランクトンの増殖も抑えると考えられている。水草が盛んに成長している春から初夏にかけては、水草の体表はきれいだが、秋になると、茶色のモヤモヤとした付着藻が水草体を包んでいるさまを見ることができる。これは、水草の勢いがなくなり、他感作用物質の放出量が減ったために付着藻が増えたと考えられる。

さらに、魚からの隠れ場所を大型ミジンコに提供するという水草の働きも重視されている。大型ミジンコは植物プランクトンを効率よく食べて水質を浄化する力を持っている。ところが、魚には弱い。湖水中に水草が密に繁茂すると、魚が入り込めない空間ができる。そこで、大型ミジンコは昼の間、そこを魚からの避難所として利用し、魚の活動が収まる夜になると、避難所の外に出て植物プランクトンを摂食するのである。

ただし、このような水質浄化効果があるといわれる一方で、水草はかえって水質汚濁を助長するという見方もある。水草は、自らの増殖に必要な窒素やリンの大方を、湖底から根を通して吸い上げており、それは水草体内に貯められることになる。その水草が枯れて分解されると、体内の窒素やリンの多くが水中に溶け出し、植物プランクトンの増加を促すというのである。しかし、これは秋に生じることであり、アオコが発生する夏には浄化効果のほうが上回ると考えられる。

いずれにせよ、水草によって水質が浄化されるには、水草が湖の広い面積を覆うようになることが必要である。

第2章

諏訪湖の生き物事情

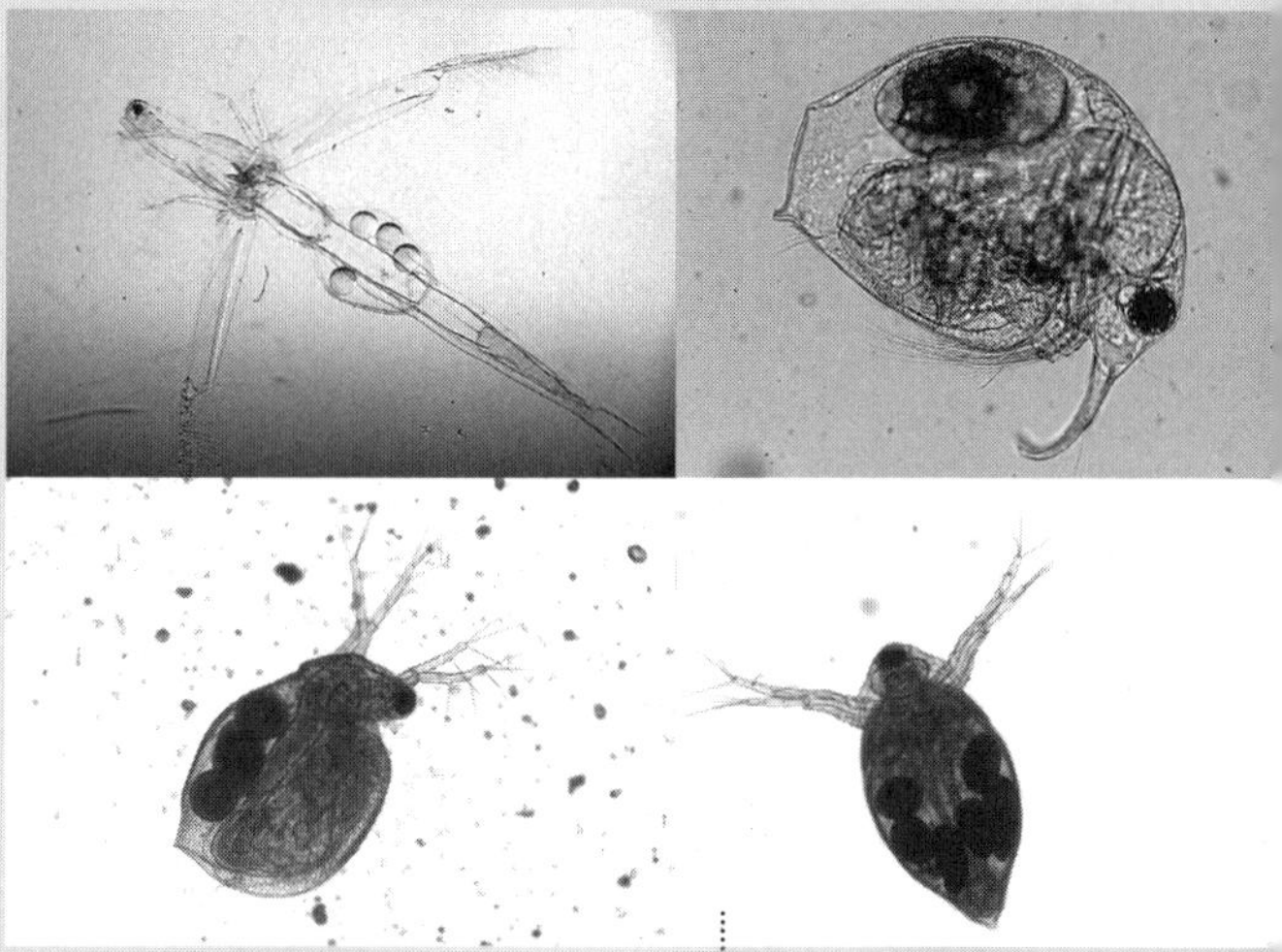

諏訪湖にすむミジンコたち。上段左はノロ、上段右はゾウミジンコ。下段はネコゼミジンコ。左は横から見たもので、背中側に卵を抱いている。右は正面から見たもの。ミジンコの目は一つで、それが頭の頂にある

2-1 迷惑害虫ユスリカの正体

最近は諏訪地域でユスリカのことを話題にする人がほとんどいなくなったが、一〇年ほど前までは、毎年ユスリカの成虫が諏訪湖畔で大発生し、迷惑害虫になっていた。大発生は、四月、六月、八月、一〇月頃の年四回見られることが多く、そのときには、湖畔の建物の壁に多くの個体がとまり、壁が汚れて見えた（図2-1）。また、干した洗濯物にユスリカがたかり、それをはたき落とすと柔らかい体がつぶれ、洗ったばかりの洗濯物を汚すことになった。さらに、湖畔に建つホテルでは、開けた窓からユスリカが室内に入り込み、宿泊客に嫌われていた。

ユスリカは、双翅目《そうしもく》に分類される昆虫で、蚊の仲間である。そのため、ユスリ〝カ〟という名前がつけられている。ただし、心配ご無用。この虫は人を刺すことはない。いや、それができないのだ。なぜなら成虫には口がない。成虫の寿命は一週間ほどで、餌をとる必要がないためだろう。蚊の幼虫はボウフラで、水たまりを生活の場としている。これはユスリカも同じだ。ただし、ユスリカの幼虫は湖底に棲んでいる。

大発生したユスリカ成虫は、湖岸の樹木の近くで群飛し、蚊柱をつくる（図2-2）。そこで雄と雌が出会い、交尾をする。交尾を終えた雌は湖に飛んでいき、湖面に降りてゼリー状物質に包まれた多

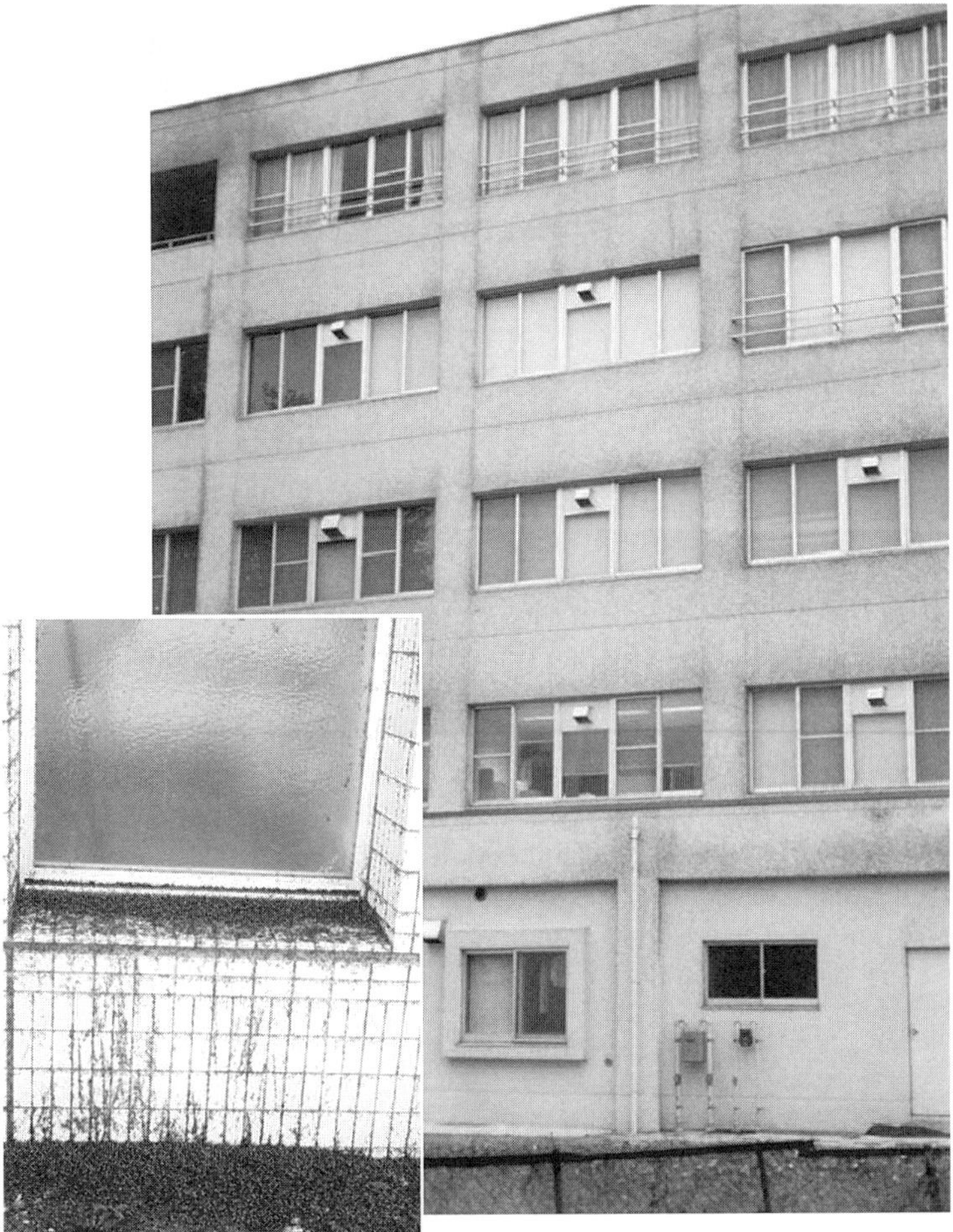

■図 2-1　ユスリカがたかって壁が黒ずんだ諏訪湖畔に建つ建物と、窓際に溜まったユスリカの死体（1990 年、撮影＝沖野外輝夫）

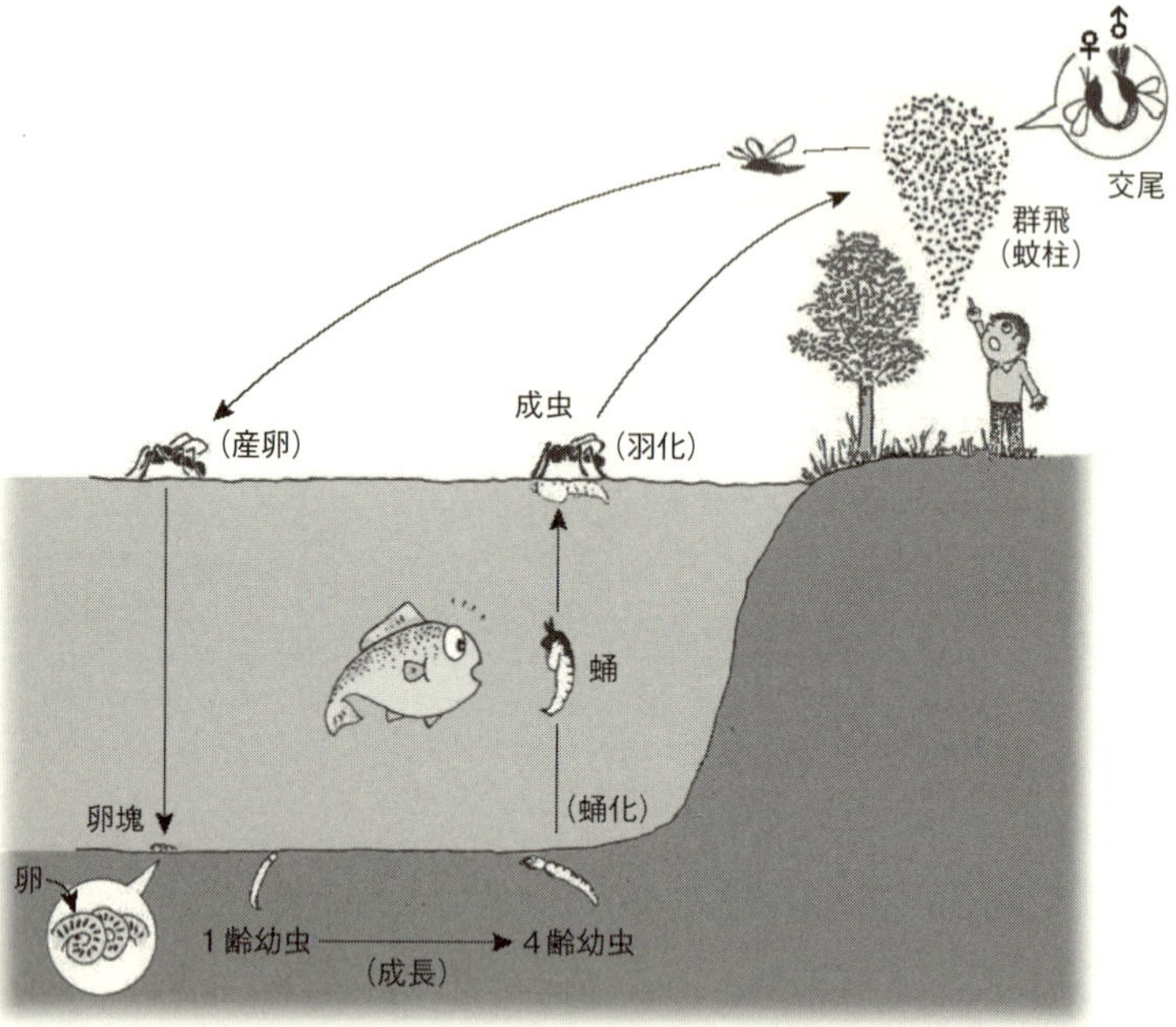

■図2-2　ユスリカの生活史。出典：岩熊（1994）より改変

くの卵を産む。雌はそこで力尽き、水面に体を浮かせることになるのである。すると、それを狙って魚が集まってくる。一方、生み落とされた卵は湖底に沈んでいく。しばらくすると、卵から体長一㎜ほどの幼虫が生まれ、湖底での生活を始める。幼虫の主な餌は、水中から沈んでくる植物プランクトンである。幼虫は三回の脱皮を経て成長し、体長およそ一五㎜の四齢幼虫になる（図2-3）。すると、今度は変態して蛹になり、湖底から離れて水面に向けて浮いていく。水面に達すると、蛹《さなぎ》の背中が割れてなかから成虫が現れる。これを「羽化」と呼ぶ。生まれたばかりの成虫は、脱皮殻を水面に残し、すぐに湖岸に向けて飛び立つので

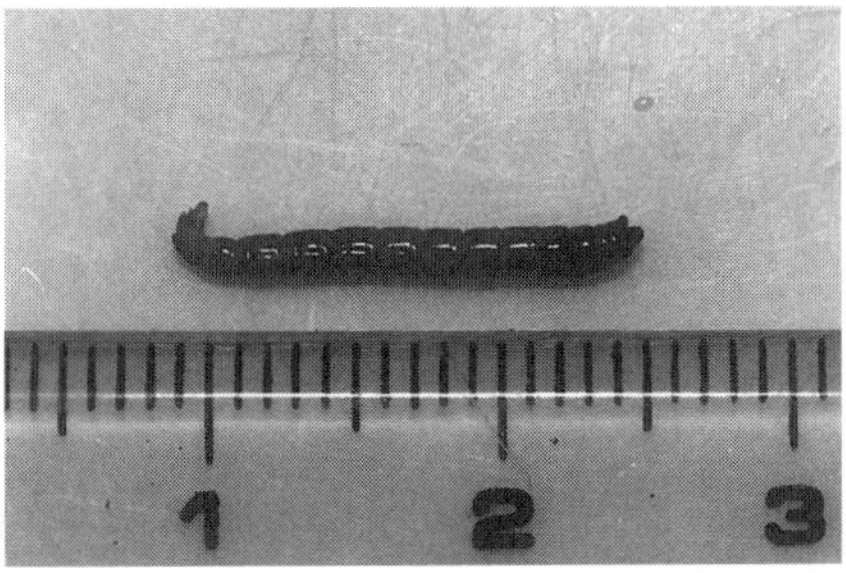

■図 2-3　ユスリカ（アカムシユスリカ）の４齢幼虫。スケールは cm（撮影＝荒河尚）

ある。

ところで、蛹が湖底から水面を目指すときが、ユスリカにとって最も危険なときである。魚に狙われやすくなるからだ。そこで、ユスリカは魚に見つかりにくい早朝の薄暗い時間帯に湖底を離れる。ところが、魚も蛹を捕まえるのに必死だ。ユスリカが短期間に大発生するのは、魚に食べ尽くされずに生き残るチャンスを増す効果があると考えられている。水のなかでは、生き物たちのドラマが繰り広げられているのである。

諏訪湖で大発生するユスリカには、オオユスリカとアカムシユスリカという二つの種がいる。どちらも、成虫の大きさが一cmほどにも達する大型種だ。ただし、この二つの種はお互いに性質が大きく異なる。オオユスリカは幼虫で越冬し、その間は湖底の泥のなかでじっとしている。春（四月頃）になると活動が活発になり、蛹を経て成虫になる。この成虫が湖畔で蚊柱《かばしら》をつくり、そこで交尾した雌が産み落とした卵から次の世代の幼虫が育つ。その多くが六月頃に羽化し、また次世代の個体を生み、それが八月の成虫の発生につながる。ところが、その後は冬に向けて水温が下がるため、八月に産み落とされた卵から孵化《ふか》した幼虫の成長は遅くなる。そして、ついに冬が来ると成長を止めることになる。このようにして冬を越した幼虫は、春に成長を再開して四月の迷惑害虫になるのである。

一方、アカムシユスリカは冬を好む種だ。この種は、年に一回一〇月頃にだけ羽化する。そのとき生み出された卵から育った幼虫は、冬の間、湖底で餌を食べて成長するが、春になり、湖底の温度が高くなってくると、底泥のなか、数十cmの深さまで潜る。その深く冷たい泥のなかで、湖の水温が低下する秋まで眠り続けるのである。すなわち、「冬眠」ならぬ「夏眠」をするのだ。このように、オオユスリカとアカムシユスリカは、同じ諏訪湖の湖底に棲んでいるが、時間的に棲み分けている。

ところで、ユスリカは諏訪湖の食物連鎖のなかで重要な役割を果たしている。水中で暮らす幼虫や蛹は魚に捕食され、成虫はツバメなどの鳥の好物になる。ユスリカは迷惑害虫として人々に嫌われているが、魚の餌として漁業を支えており、また、人がほほえましく見ているツバメの子育てに貢献しているのである。

2-2 諏訪湖のミジンコ

近頃、ちまたではミジンコ人気が高まっているようだ。これは湖や池に棲む動物で、もちろん諏訪湖にもたくさんいる（図2-4）。ミジンコという名は「微塵子」からきている。細かい塵のような小さな生き物、という意味だろう。確かに体長が一mmに満たず、肉眼で容易には見えない種が多い。し

■図 2-4　諏訪湖でのプランクトンの採集風景（上）と、ゾウミジンコおよびケンミジンコ（卵が入った袋を二つぶら下げている）の顕微鏡写真（下）。（ミジンコの撮影＝坂本正樹）

かし、なかには三㎜にもなるダフニアと呼ばれる大型ミジンコのグループや、一㎝近くにまで達するノロというミジンコもいる。

ミジンコは湖の主要な動物プランクトンである。分類学的にはエビやカニと同じ甲殻類《こうかくるい》に属する。そのため、成長に伴って脱皮をする。エビやカニには常に雄と雌がいるが、通常、ミジンコには雄はいない。雌だけで卵を産み、その卵からは雌の子どもが生まれる。このほうが、環境のよいときに急速に個体数を増やすことができるので都合がいい。ところが、餌不足になったり冬が近づいてくると、雌は雄を産む。そしてその後、雌と雄は交尾をして、新しい遺伝子組成を持つ休眠卵をつくるのだ。その卵は、すぐには発生せず、母親が脱皮したときに産み落とされて湖底に沈み、そこで春の訪れを待つ。

諏訪湖の代表的なミジンコはゾウミジンコである。〝ゾウ〟という名があるので大きなミジンコを想像するかもしれないが、体長は最大でも〇・五㎜程度しかない小型のミジンコの一種だ。〝ゾウ〟の名前の由来は、ゾウの鼻に似る吻《ふん》を持っていることにある。

ところで、この〝ゾウの鼻〟がおもしろい。ゾウミジンコは季節に応じて吻の形を変えるのである（図2-4参照）。諏訪の厳しい冬が去り、桜の開花が間近に迫ると、諏訪湖ではゾウミジンコが水中に姿を現すようになる。そのときは、成体は吻を前方に突き出し、先をくるっとカールさせている（通常形態と呼ぶことにする）。ところが五月になると、吻を大きく下方にカーブさせる個体が増えてきて（防御形態と呼ぶ）、通常形態の個体はほとんど見られなくなる。なぜ、季節によってゾウミジンコの吻の形が異なるのであろうか。

　実は、この防御形態には捕食者から体を守る効果がある。その捕食者とはケンミジンコだ。ケンミジンコの大きさは一～二㎜程度で、体の前に付いている脚でゾウミジンコを捕まえ、その餌生物の体の前部にある殻の開口部から脚を差し入れて柔らかい体を食べる。それなら、ゾウミジンコはこの開口部を閉じてしまえばよいだろう。ところが、それはゾウミジンコにとってはできない相談だ。なぜなら、この開口部を通して酸素を多く含む水を取り込んで呼吸をしているからだ（図2-5）。また、その水とともに運ばれてくる植物プランクトンを濾《こ》し集めて餌にしているからである。そこで、吻を下方にカーブさせて開口部の一部を覆うことで、ケンミジンコが攻撃しづらくしていると考えられる。

　さて、ここで一つの疑問が生まれる。ゾウミジンコは湖でのケンミジンコの増加に合わせて防御形態を持つが、その捕食者の増加をどのように知るのだろうか。実験の結果、ケンミジンコに攻撃されたときの物理的刺激の頻度の増加が、ゾウミジンコの防御形態の形成を促すことがわかった。疑問はまだある。ゾウミジンコは捕食

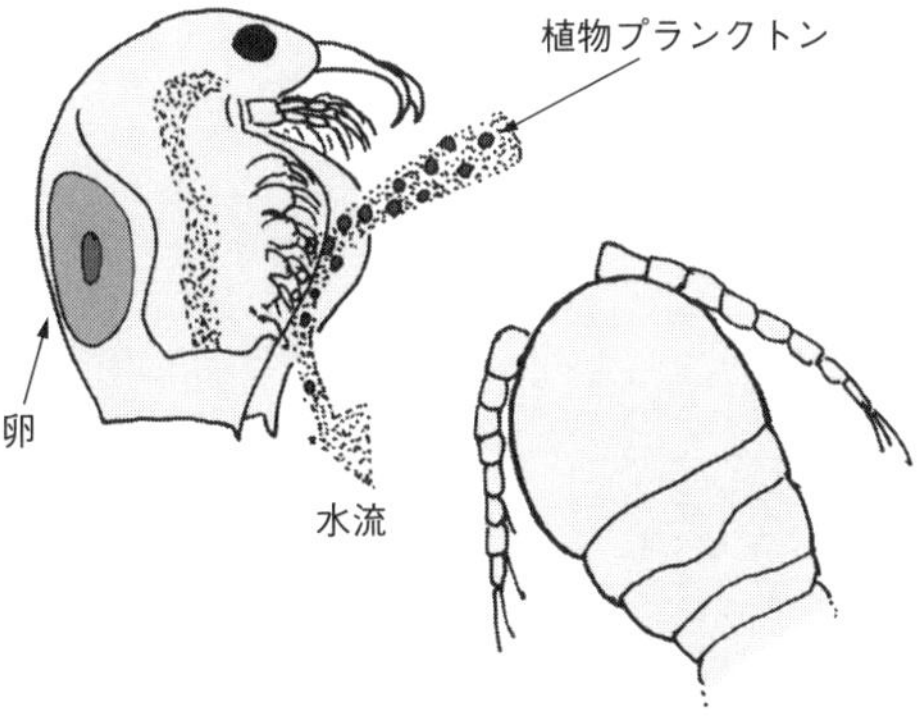

■図2-5　殻の開口部に水と餌（植物プランクトン）を取り込んでいるゾウミジンコ（左上）と、そこに近づいてきた捕食者ケンミジンコ（右下）

者がいないときには防御形態を持たないが、それはなぜか。捕食者の有無にかかわらず、常に防御形態を持っていてもよいではないか。

この疑問に対しては、防御形態を持つことにはゾウミジンコにとって食われるリスクを下げるという利点（利益）がある一方で、それには何か不都合なこと（不利益）が付随しているためと説明されている。例えば、その形態の維持に多くのエネルギーを要するため、成長や産卵に使えるエネルギー量が減ってしまう。または、吻で殻の開口部を覆うことで、餌を効率よく摂取するのが難しくなるのかもしれない。その結果、増殖速度が下がってしまう。捕食者が多いときには防御形態を持つことの利益が不利益に優るが、捕食者が減って食べられるリスクが下がると、防御形態を持つことの意義（利益）が低下し、不利益が利益を上回ってしまう（表2-1）。そのため、防御形態を持つことをやめると考えられる。ゾウミジンコは、捕食者の密度の変動に伴って変化する利益と不利益のバランスの下で、形態を変えているのだ。

■表2-1　通常形態または防御形態を持つゾウミジンコの特質と、環境中での捕食者の密度変化に応じて変わる利益・不利益

	通常形態	防御形態
食べられるリスク	高	低
増殖速度	高	低
	↓	↓
捕食者が少ない環境	有利（死亡率：低／増殖速度：高）	不利（死亡率：低／増殖速度：低）
捕食者が多い環境（※）	不利（死亡率：高／増殖速度：高）	有利（死亡率：低／増殖速度：低）

（※）増殖速度が高くても死亡率が高いと不利

顕微鏡を使わなければ見えない小さな生き物たちも、巧みな生き残り戦略をめぐらしているのである。

2-3 季節で変わる複雑なミジンコ社会

前項では、諏訪湖に棲むゾウミジンコが捕食者ケンミジンコに攻撃されると、そのときの物理的な刺激によって吻が下方に曲がった防御形態を持つことを紹介した。

ところで、諏訪湖にはゾウミジンコの仲間がもう一種いる。ニセゾウミジンコである（図2-6）。実は、このミジンコも捕食者に出会うと形態を変化させるのである。ただし、恐れる捕食者はケンミジンコではなく、ノロという体長が八㎜にもなる日本最大のミジンコだ（図2-6）。ノロは胸のところに口があり、それを取り囲んでいる脚で餌となる動物プランクトンを捕まえ、口に入れる。体の小さなゾウミジンコは、この捕食者に丸ごと食べられてしまう。

ニセゾウミジンコは、通常は、ほぼまっすぐな吻を前方に向けているが（通常形態。図2-6・2-7）、湖でノロが増えてくると吻を上方にそり返らせる（防御形態。図2-6・2-7）。また、それと同時に、先が二股に分かれている吻を左右に大きく開く。さらにまた、しっぽのように見える殻刺《かくし》も伸ばす。この形態変化は体の幅を上下左右に広げることになり、それによって体がノロの口に入りづらくなるのであろう。実験をしたところ、この防御形態を持つ個体は、通常形態の個体よりも、ノロに食われる確率が低いことがわかった。大きな体を持つことが有効な捕食防御になるのなら、体全体を大きく

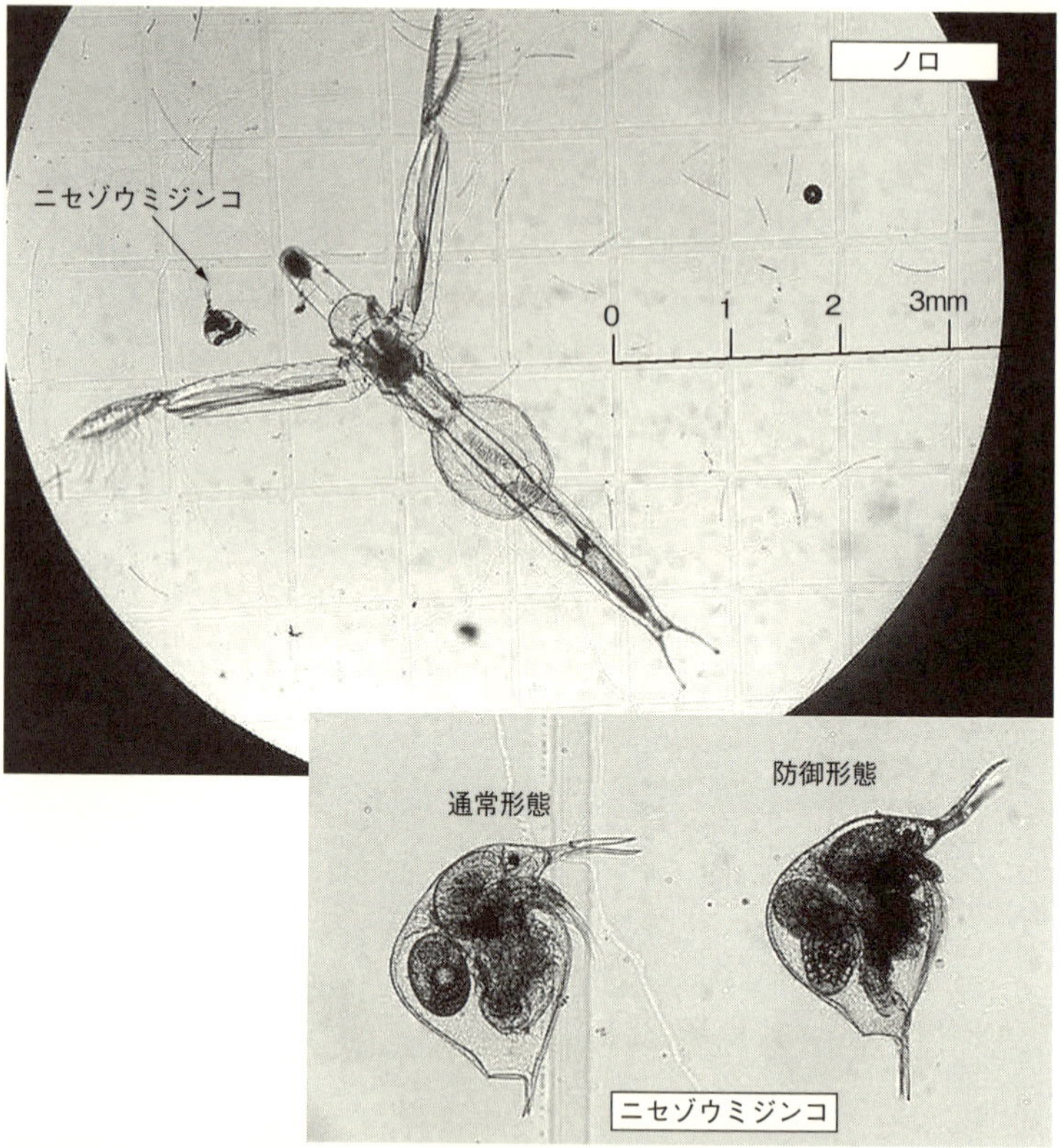

■図2-6　上：日本最大のミジンコ、ノロ(写真の個体の体長は約5mm。ホルマリンで固定したので体が黒ずんでいる)と、体長約0.5mmのニセゾウミジンコ。ノロのそばにいるニセゾウミジンコに注意。ノロとの体の大きさの違いがわかる。
下：ニセゾウミジンコの通常形態と防御形態(背中に卵を抱えている)(ノロの撮影＝張光弦、ニセゾウミジンコ＝坂本正樹)

するより吻や殻刺のような突起物を伸ばすほうがずっと容易であり、消費するエネルギー量も少なくてすむ。捕食者に対するニセゾウミジンコの見事な対応に感心させられる。

ところで、ニセゾウミジンコに形態を変えさせる刺激は、ノロが水中に放出する匂い物質であることがわかっている。ノロを飼育していた水（ノロは取り除いてある）に通常形態のニセゾウミジンコを入れて飼育すると、脱皮をした後に防御形態を持つようになる。このミジンコは、湖のなかでノロが増えてきたことを、ノロの匂い物質の濃度上昇から察知しているのである。

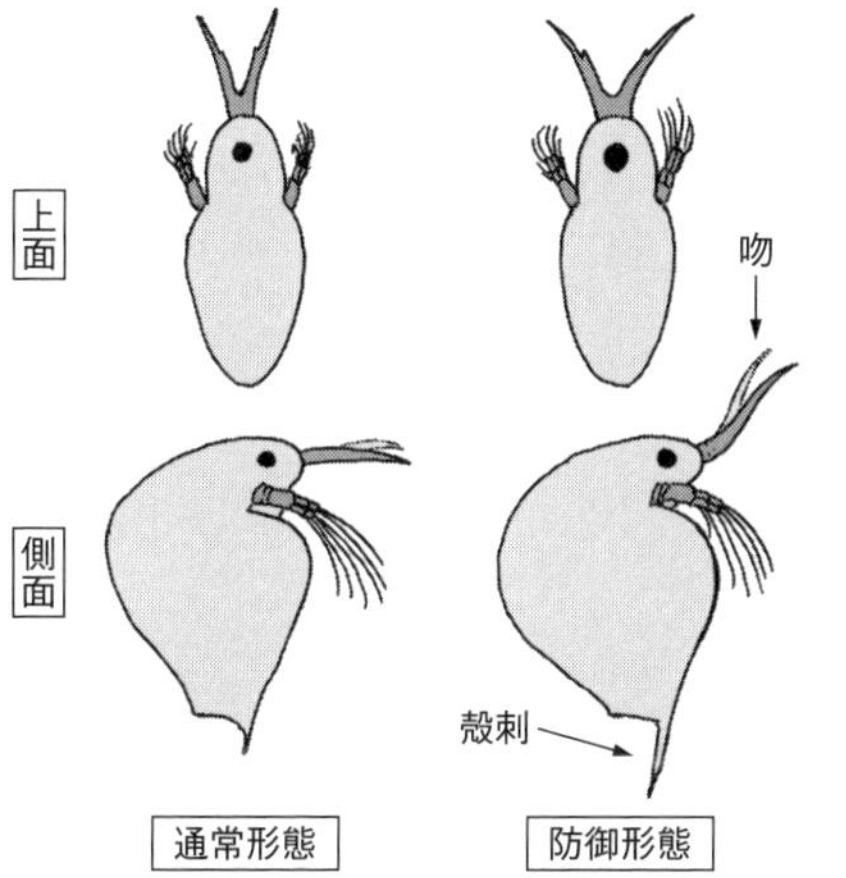

■図2-7　通常形態と防御形態を持つニセゾウミジンコ個体の上面と側面。防御形態では、二股の吻の先が左右に大きく開いている。ミジンコの目は一つだけで、頭の中央にある

しかし、この防御形態への変化はケンミジンコに対しては仇《あだ》になる。なぜなら、吻をそり返らせると、腹部をさらけ出すことになるからである。これは、ミジンコの腹部を狙うケンミジンコに、「どうぞ襲ってください」と言っているようなものだ。一方、ゾウミジンコは、ケンミジンコによる攻撃に対して吻を下方に曲げて腹部を守る（前項の図2-4）。ところが、この形態変化は体の大きさを変えないので、ノロに対しては防御の機能を持たない。したがって、ニセゾウミジンコはノロには強いがケンミジン

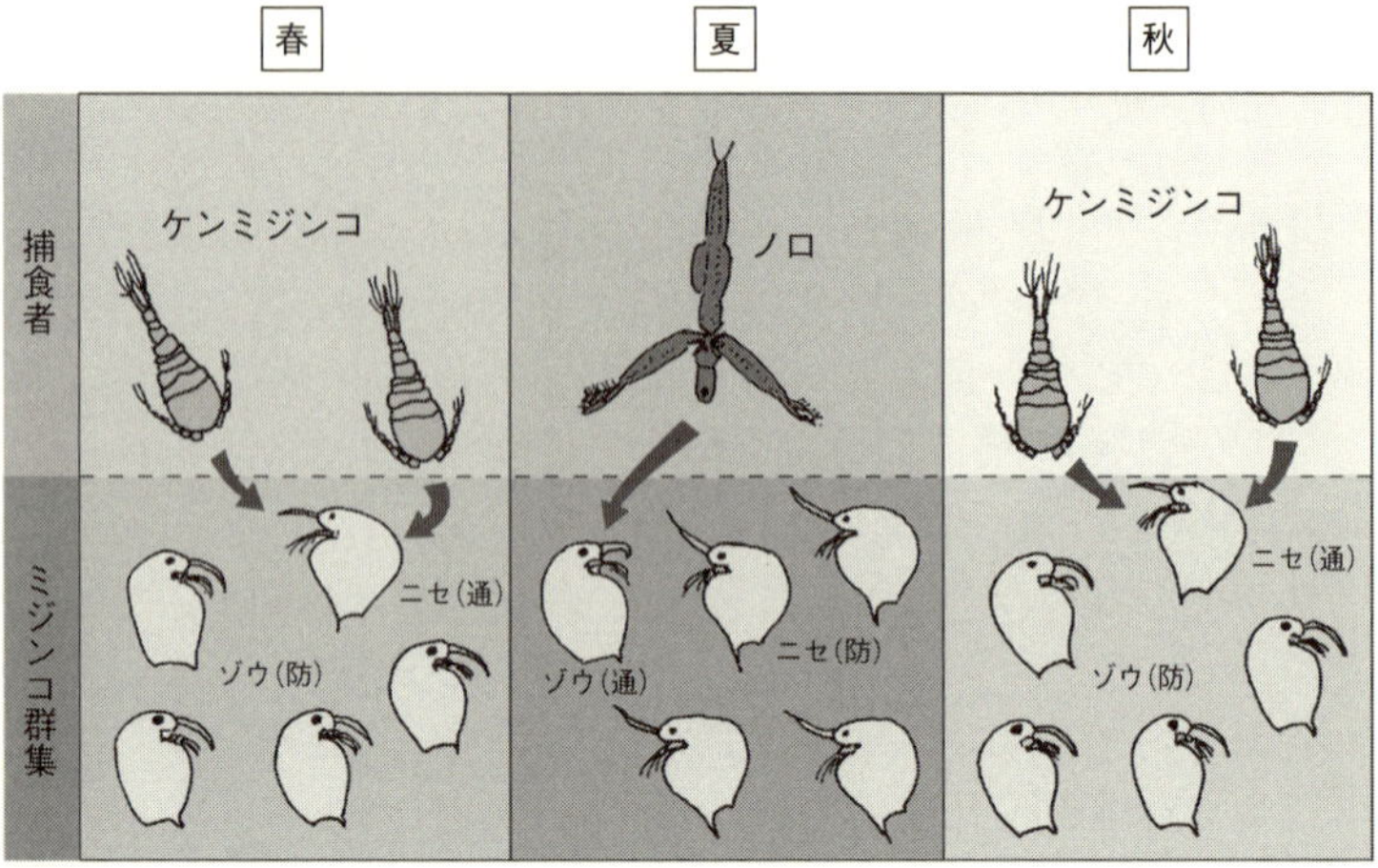

■図2-8　諏訪湖の捕食者とミジンコ群集の季節変化の模式図。捕食者ではケンミジンコとノロが、ミジンコ群集ではゾウミジンコの通常形態「ゾウ(通)」と防御形態「ゾウ(防)」、およびニセゾウミジンコの通常形態「ニセ(通)」と防御形態「ニセ(防)」が季節に応じて替わる。矢印は強い捕食影響を示す

コに弱く、ゾウミジンコと捕食者の関係はその逆になる。

それぞれのゾウミジンコ種が捕食者に対して異なる反応を示すようになったことには、進化の過程で、ニセゾウミジンコはノロと長く共存し、ゾウミジンコは常にケンミジンコが脅威の対象となる湖に生息していたためだろう。そして、それらの生物種が分布を広げて諏訪湖で出会い、共存することになったのだ。

生物たちを見ていると、捕食者に食われないように様々な工夫をしている様子が見られるが、すべての捕食者の攻撃に対して効果的に防御することはできないのである。その結果、捕食者の種類が季節に応じて変化すると、餌となる生物の種組成も変わることになる。その典型的な例を諏訪湖で見ることができる。

諏訪湖では、春になるとゾウミジンコが数を

増し、ミジンコ群集のなかで優占するようになる（図2-8）。ところが、七月には急速に個体数を減らし、それに替わってニセゾウミジンコが増え始める。このときは、それまで多く生息していたケンミジンコが少なくなり、ノロが目立つようになる時期である。このときゾウミジンコが減ったのは、多くの個体がノロに食べられたからだろう。一方、ニセゾウミジンコは、春はケンミジンコがいたので増えられなかったが、七月にその捕食者が減ったために増えることができたと考えられる。ところが、一〇月になると諏訪湖からニセゾウミジンコの姿が消え、再びゾウミジンコが増えてくる。このときはまた、優占する捕食者がノロからケンミジンコに替わったのである。

湖のなかの環境は、水が溜まっただけの単純なもののように思われているかもしれないが、その水のなかでは様々な生き物たちが複雑な相互関係を持って暮らしている。そして、それが多様な生物群集をつくる重要な要因となっているのである。

2-4 ノロはワカサギの好物

夏のある日、アオコが発生している諏訪湖に船を乗り出し、プランクトンネットを用いて動物プランクトンを採集した。そのとき、ネットはアオコをつくっていた藍藻（ミクロキスティス）の群体も

多く捕集していた。それを実験室に持ち帰り、その一部を、くみ置き水道水が入った大きなガラスビーカーに入れた。そして、肉眼でミジンコが泳ぐ姿を観察するため、ガラス面に顔をつけるようにしてビーカーのなかをのぞき込んだ。ところが、ビーカーのなかは藍藻の群体だらけで、他のものはほとんど見えなかった。

それでもしばらく見ていると、不思議な現象に気がついた。あちらこちらで藍藻の群体が動いているのだ。藍藻は植物なので自ら動くはずはない。そこで、動く群体をよくよく見ていると、そこに体が透明な動物がいて、それが水中を泳ぐ際に群体を動かしていることがわかった。その動物をピペットで吸い上げ、顕微鏡の下で観察してみると、ノロだった（図2-9）。このミジンコは、先にも紹介したが、日本にいる最大のミジンコである。そして、とても透明な体を持っている。

湖の動物プランクトンを観察していると、大型の動物プランクトンほど透明な体を持っていることがわかる。例えば、フサカという双翅目昆虫（ユスリカと同じグループ）の幼虫は、水中を漂い小型のミジンコを餌とする捕食性の動物プランクトンだ。その体は透明で、体長は最大一cmにもなる（図2-9）。ちなみに、このフサカ幼虫は諏訪湖にはいないが、北八ヶ岳《きたやつがたけ》にある白駒池《しらこまいけ》に生息している。

では、なぜ体の大きな動物プランクトンは透明な体を持つのだろうか。これは誰かに見つかってしまうのを恐れているように思われる。その誰かとは、動物プランクトンを食べる捕食者であり、目で餌生物を見つけて捕らえるものにちがいない。すると、魚ということになる。動物プランクトンを餌とする魚は、体の大きな餌生物を選んで食べることがわかっている。諏訪湖に生息するワカサギは、

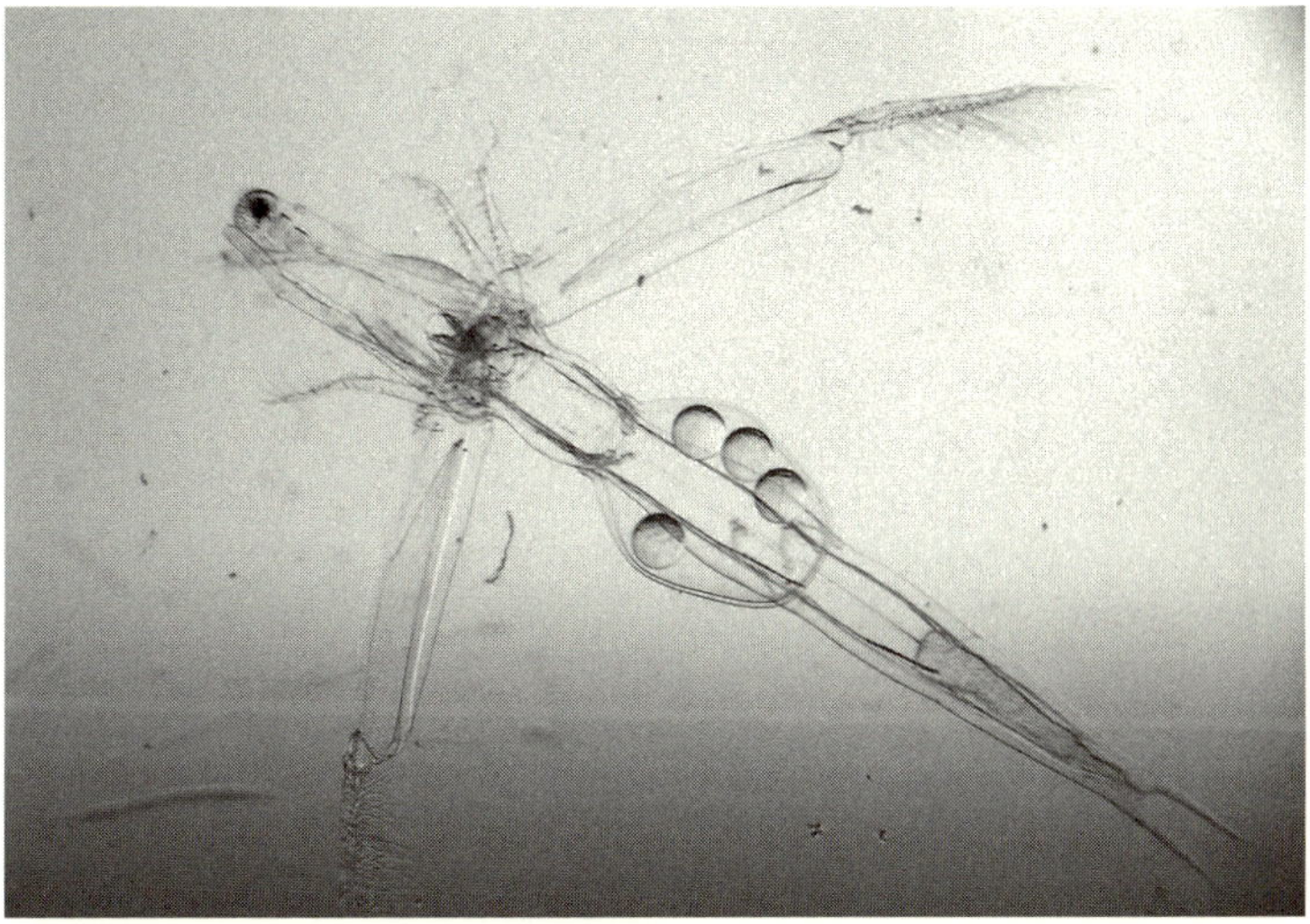

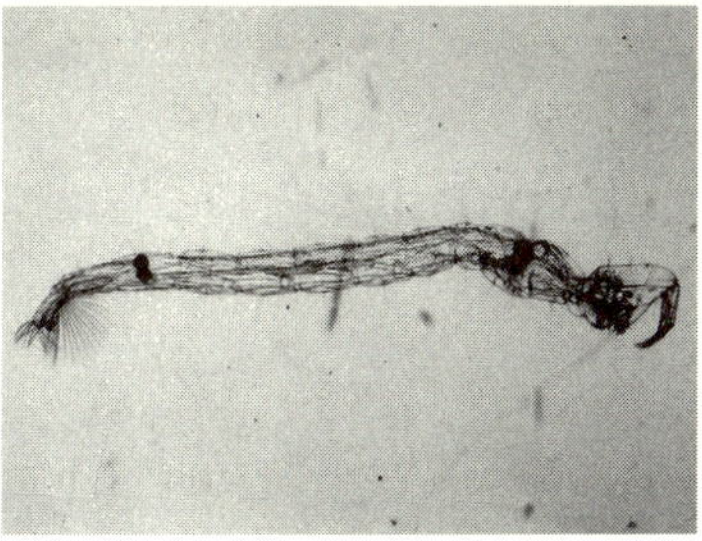

■図2-9　透明な体を持つノロ（上）と、同じく透明なフサカの４齢（終齢）幼虫（下）。ノロの体の中央にある袋は育房で、なかに卵が入っている。頭の中央に一つだけある大きな目は複眼（ノロの撮影＝小神野豊）。フサカ幼虫の体長は約1cm。大きなあごで、小型のミジンコをひと飲みする

まさにそのような魚だ（図２-10）。

そこで、ワカサギと動物プランクトンとの関係を明らかにするため、長野県水産試験場諏訪支場の協力を得て調査をした。二〇〇一年の五月から一二月までの間、月に一〜二回の頻度でワカサギを採集し、同時に湖水中の動物プランクトンも採集したのである。採ったワカサギは実験室内で腹を割き、胃のなかに入っていた動物プランクトンの種と個体数を調

■図2-10　諏訪湖のワカサギ。この魚はミジンコをはじめとした動物プランクトンを主な餌としている

べた。一方、湖水から採集した動物プランクトンは、顕微鏡を使って種ごとの個体数を出し、湖水中の密度（一リットル当たりの個体数）を算出した。そして、これらのデータを用い、動物プランクトンに対するワカサギの選択性指数を出した。例えば、Aというミジンコ種が、湖水中の動物プランクトン群集のなかで占める割合が三〇％で、その種がワカサギの胃のなかの全動物プランクトン個体の三〇％を占めていた場合、このミジンコ種は、ワカサギに特に選択的に食べられてはいなかったことになる。これに対して、もし湖水中の個体数が動物プランクトン群集の中で五％しかなかったB種が、ワカサギの胃のなかの全動物プランクトン個体の五〇％を占めていたなら、この種はワカサギに選択的に食べられていた（ワカサギに好んで食べられていた）ということになる。選択性指数はこのような意味を持つ。

さて、実際の調査結果を図2-11に示す。これを

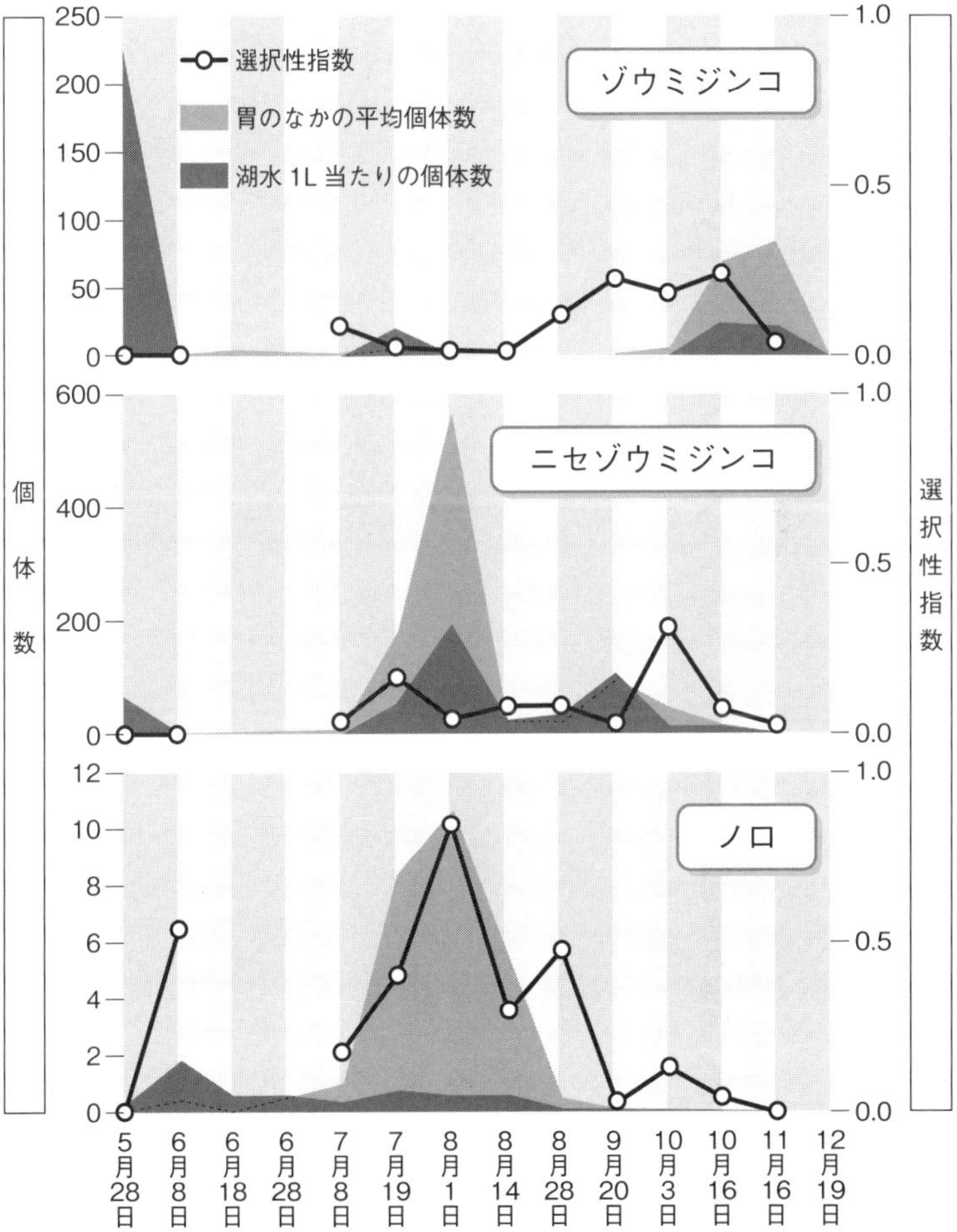

■図 2-11　諏訪湖に生息するゾウミジンコ、ニセゾウミジンコ、ノロの湖水中の密度（濃いグレーの部分）とワカサギの胃のなかの平均個体数（薄いグレーの部分）、およびそれら動物プランクトン種に対するワカサギの選択性指数の季節変化。出典：Chang, Hanazato, Ueshima,Tahara (2005) より改変

見ると、ワカサギは八月一日に動物プランクトン群集で優占するニセゾウミジンコをたくさん食べていたことがわかる。しかし、選択性指数は低く（〇・〇五）、ワカサギはこのミジンコを積極的に食べていたわけではなかったといえる。一方、同じ日のノロに対する選択性指数は非常に高く（〇・八八）、この魚はノロを積極的に選んで捕食していたことが示された。ワカサギは、やはり大型の動物プランクトンを好んでいたのである。

それにしても、ノロは透明な体を持っているにもかかわらず、ワカサギに食べられていた。体の透明性にはワカサギから身を隠す効果がなかったのだろうか。ノロを見ると、頭の真ん中に一つの大きな黒い目が鎮座している（図2-6）。この目はトンボの目と同じ複眼である。この大きな目が魚の興味をひいてしまったのだろう。では、ノロはなぜそんな危険な目を持っているのだろうか。その答えはまだ得られていない。これは大きなミステリーである。

2-5 魚を逃れ、夜は表水層、昼は深水層に

Lake Suwa

湖に棲む多くの魚はミジンコを餌にしている。特に大型のミジンコを好む。したがって、大型ミジンコにとっては、魚は恐ろしい敵である。諏訪湖に生息する日本最大のミジンコ、ノロが、体を透明

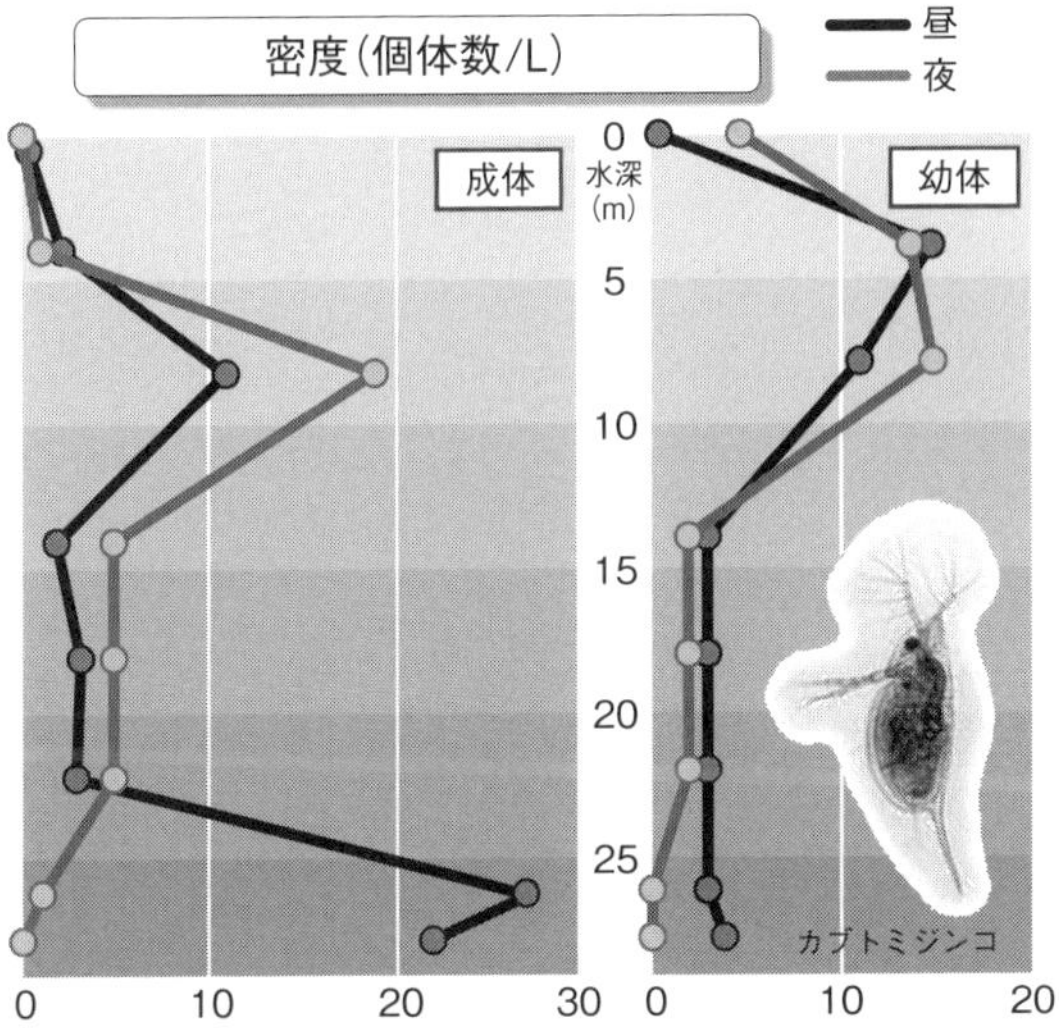

■図2-12　夏の木崎湖におけるカブトミジンコ成体(左図)と幼体(右図)の昼と夜の鉛直分布。出典：Hanazato, Sambo and Hayashi (1997)より再作図

にしてできるだけ魚に見つからないようにしていることを、前項で述べた。

ところで、魚から逃れるためのミジンコたちの戦術には、その他にも様々なものがある。その一つが、日周鉛直移動だ。これは、ミジンコが昼間は湖の深水層に降り、夜になると表水層に昇るというものだ。

例えば、最大水深二九mの木崎湖では、体長が二㎜になるカブトミジンコがこの行動をとっている。七月下旬にミジンコの鉛直分布を昼と夜に調べたところ、成体の多くが昼は水深二六mの層に集まり、夜になると水深八mのところにまで上がっていた(図2-12)。昼間に深水層にいたのは、そこが暗いからであろう。主に視覚で獲物をとらえる魚は、暗いところでは餌を見つけることができない。ところが、深水層はミジンコにとって決してよい場所ではない。なぜなら太陽光が届かないので、そこでは植物プランクトンが増殖できないからだ。そのため、ミジンコは餌不足になってしまう。そこで、ミジンコたちは、魚（木崎湖の主要な魚はワカサギ）の活動がおさまる夜に、植物プランクトンが多く分布する表水層に、餌を求めて移動したと考えられる。

ただし、この行動をとるのは成体だけで、幼体は一日中水深四～八mの表水層にとどまっていた。体の小さな幼体（体長は約〇・五㎜）は魚に食べられる危険性が低いため、深水層に逃げる必要がなかったのだろう。また一方で、幼体は餌不足（飢餓）に弱いので、常に餌の多い表水層にとどまる必要があったのだろう。

ところで、諏訪湖は木崎湖とは異なり、湖心の水深が六mほどのとても浅い湖である。この浅い湖でミジンコたちはどのような行動をとっているのだろうか。その疑問に答えるため、二〇〇〇年七月に昼と夜のミジンコの鉛直分布を調べてみた（図2-13）。このとき行った調査の一つの結果を紹介しよう。

その調査では、水深〇mから約六m（湖底上一〇㎝）までの湖水を弁のついたアクリル製のチューブで採り、採取した水のなかのノロとケンミジンコをプランクトンネットで濾し集め、個体数を数えた。この方法で、湖面から湖底近くまでの湖水中に分布していたミジンコ個体が一度に採集されたはずである。そのため、たとえミジンコが日周鉛直移動をしていても、昼と夜、それぞれに採ったサンプルのなかのミジンコの個体数には大きな違いがないはずである。ところが、結果は、昼と夜の採集個体数が大きく異なった。

ノロの場合、昼の採集で得られた全個体数から湖水全体での平均個体密度を計算すると、湖水一リッ

■図2-13　夜のプランクトン採集の様子（撮影：河鎮龍）

トル当たり〇・六三個体となった。
　一方、夜は一リットル当たり一・四七個体であった（図2-14）。すなわち、夜の密度が昼の密度の二・三倍と高く、夜のほうが多くの個体が湖水中にいたことになる。すると、夜に水中に分布していた個体の多くが、昼には水中から姿を消していたことになる。では、昼はどこにいたのだろうか。さすがに湖の外に飛び出したとは考えられないので、湖底の泥の上に降りていたに違いない。
　この傾向は、ノロよりもケンミジンコのほうが顕著であった。ケンミジンコの夜の密度は湖水一リットル当たり二・八七個体で、

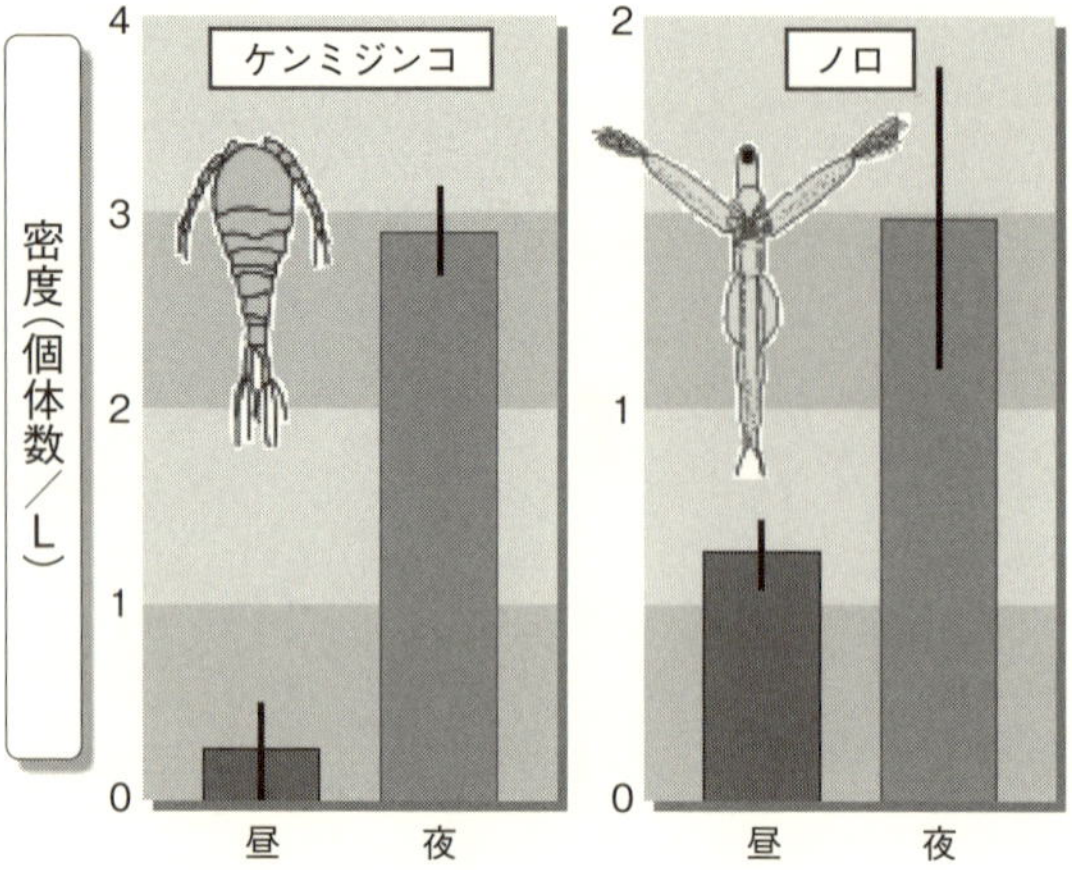

■ 図2-14　7月の諏訪湖におけるケンミジンコ（アサガオケンミジンコ）とノロの昼と夜の湖水中の個体密度。図中の縦棒は三つのサンプルから求めた平均値の標準誤差。出典：Chang and Hanazato (2004) より再作図

昼の密度（一リットル当たり〇・二七個体）の一〇倍以上にもなった。すると、ほとんどのケンミジンコは、昼の間は湖底に降りていたことになる。

ミジンコは動物プランクトンであり、常に水中で暮らしている動物と考えられてきた。ところが、諏訪湖のような浅い湖では、決して水中に浮遊しているばかりではなく、時にはユスリカ幼虫のように、湖底表面に生息する底生動物になっていたのである。

ところで、ミジンコたちは湖に魚がたくさんいることをどうやって知るのだろうか。実は、魚が放出する化学物質（匂い物質）の濃度が水中で高くなると、ミジンコたちが日周鉛直移動を始めることが実験的に示されている。第2章第3項で紹介したニセゾウミジンコの形態変化が、捕食者ノロの匂い物質で誘導されたことから（図2-7）、湖水中の生物たちは匂い物質を手がかりに捕食者の存在を知り、行動や形態を変えていると言えそうだ。

第3章

水質浄化への取り組み

諏訪市豊田につくられた終末処理場。1979年に稼働が開始された

3-1 河川、海域に比べ、進まない湖の水質浄化

戦後の高度経済成長期の一九六〇年代、全国の多くの河川、湖沼、海洋沿岸域で水質汚濁が進み、大きな環境問題となった。そこで、国はそれぞれの水域に対して、利用目的に応じた水質環境基準値をつくり、それを目標に水質浄化対策を進めてきた。

水質環境基準にはいくつかの項目があるが、そのなかで最も重視されているものに、河川でのＢＯＤと、海域や湖でのＣＯＤがある。ＢＯＤは生物化学的酸素要求量（Biochemical Oxygen Demand）、ＣＯＤは化学的酸素要求量（Chemical Oxygen Demand）のことで、どちらも水中の有機物量の指標である。なぜ、有機物量の指標が重視されるのかというと、第1章第4項で述べたように、有機物が直接に水質を汚濁させる原因物質だからである。

ＢＯＤは、採取した水のなかに生息する微生物がその水中の有機物を分解したときに消費される酸素量である。この方法は植物プランクトンがほとんどいない河川水に対して有効とされている。植物プランクトンが存在すると、条件によっては光合成をして酸素をつくってしまうため、酸素消費量が正確に求められなくなるのである。一方、海洋や湖は植物プランクトンが多く生息している場所なので、水中の有機物量は、化学的に有機物を分解したときに要した酸素の量、ＣＯＤを使うことになっ

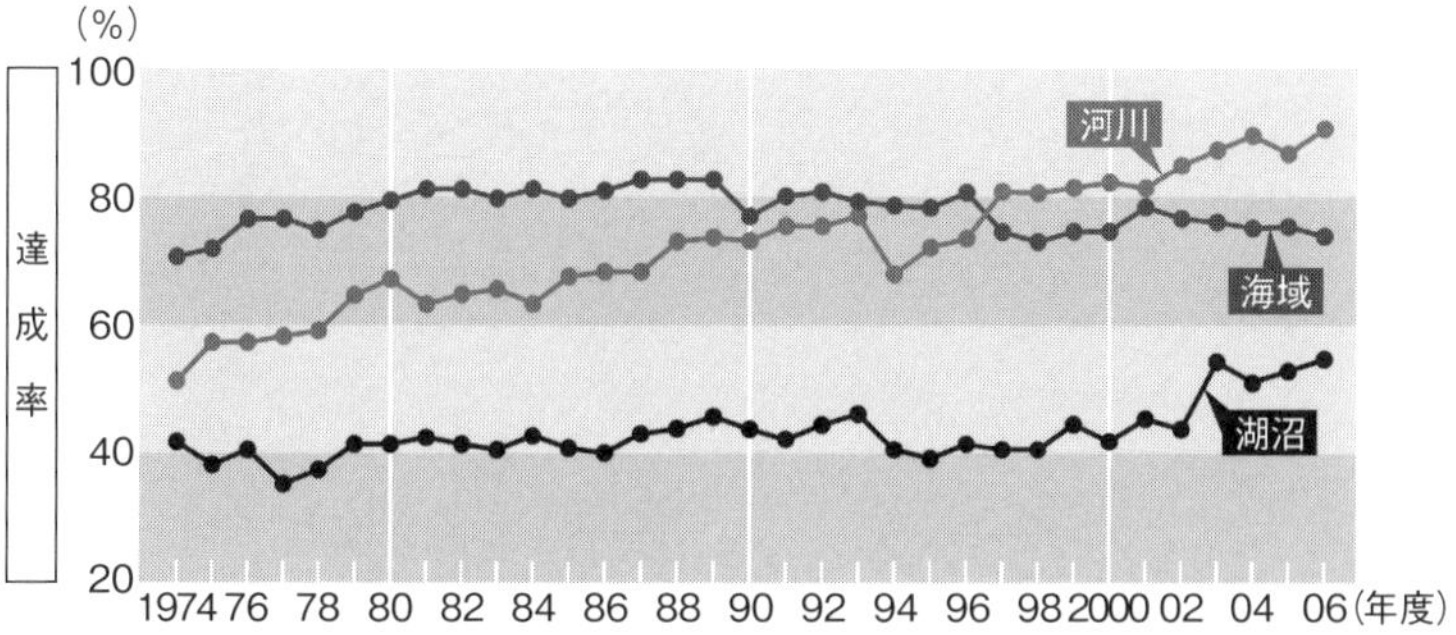

■図3-1　水質環境基準値（BOD、COD）の達成率の推移（河川はBOD、湖沼と海域はCOD）。出典：環境省『平成20年度版 環境・循環型社会白書』より

ている。

環境省は全国の河川、湖、海域の環境基準値（BODとCOD）の達成率を毎年まとめており、その結果を『環境白書』に掲載している。それを見ると、環境基準値が設定されて間もない一九七四年の達成率は、海域で七〇%程度、河川で約五〇%、そして湖でおよそ四〇%であったが、二〇〇六年には、その値が海域で七六・〇%、河川で九一・二%に達した（図3-1）。これは多くの水域で採られた水質浄化対策が功を奏した結果と考えられる。特に河川の達成率の伸びが顕著だ（図3-2）。ところが、それらの水域とは対照的に、湖での水質の改善が遅々として進んでおらず、二〇〇六年になっても達成率は五三・四%にとどまっている。

なぜ、湖の水質浄化は進まないのか。それには、水域での水の入れ替わり速度が鍵を握っていると思われる。

河川は常に水が流れているので、水はかなり早く入れ替わる。したがって、汚濁原因物質が河川に流れ込むのを抑えれば、汚れていた水は、上流の汚濁の少ない河川水に容易に入れ替わる。

■図3-2　近年水質が著しく改善された、都心を流れる多摩川（東京・世田谷区玉川）

そのため、下水処理場などをつくり、家庭や事業所などからの排水を処理すれば、河川に流入する汚濁原因物質量が大幅に減少し、河川水の浄化が比較的早く進むのだ。

一方、湖は水が溜まっているところである。そこに、残飯や糞尿などの有機物はもとより、無機物の窒素やリンを大量に含む排水が流れ込むと、水を汚濁させることになる。窒素とリンは、太陽の下で植物プランクトンの増殖（有機物生産）を促すからだ。湖内で増えた有機物（窒素やリンを含んでいる）の大多数

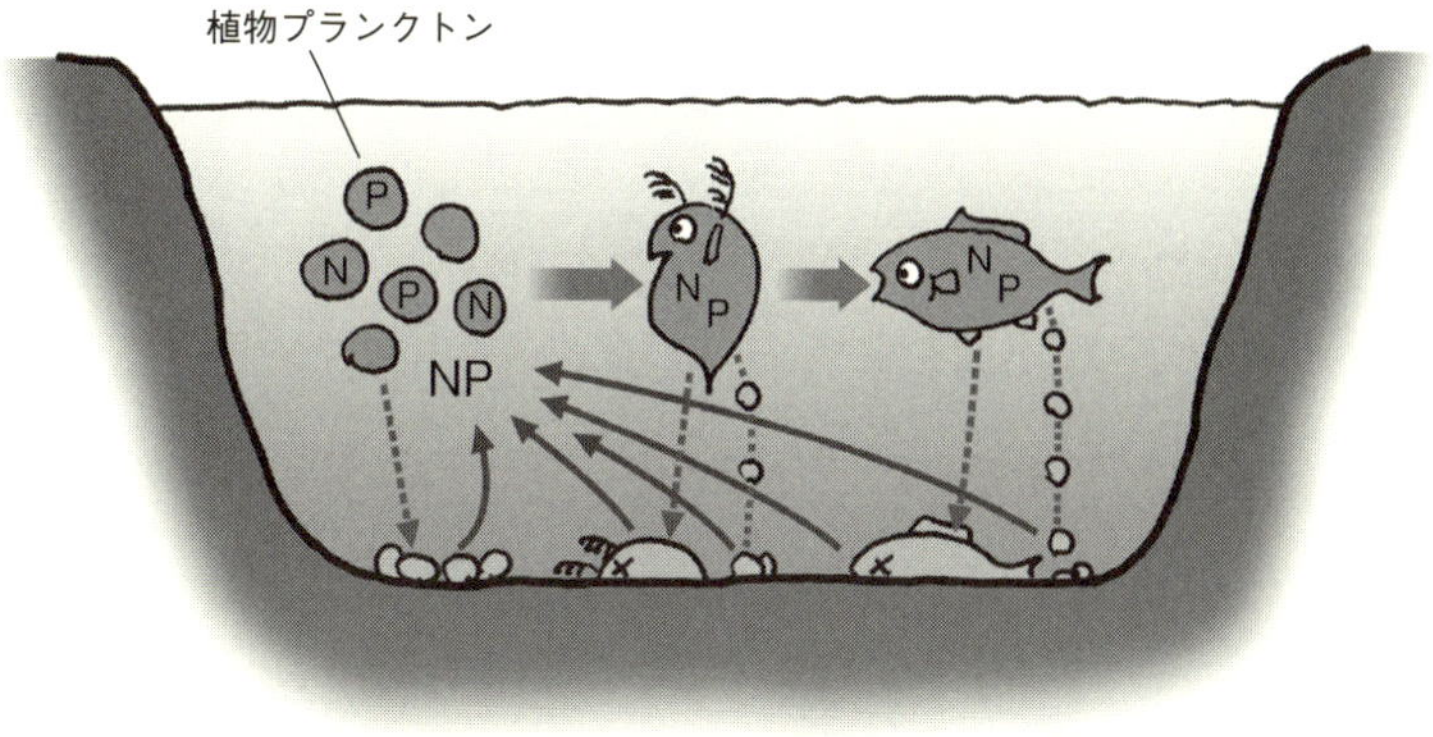

■図3-3　湖における、湖底を経由しての、植物→(ミジンコ・魚)→植物と循環する窒素(N)とリン(P)の動き。ミジンコや魚も糞をし、また死体となって窒素とリンを植物に回帰させる

は、流出河川に流れ出ることなく湖底に沈む。すると、そこでバクテリアに分解され、有機物中の窒素やリンが無機物に戻り、再び湖水中の植物プランクトンに摂取される(図3-3)。このように、湖内に溜まった窒素やリンは、繰り返し植物プランクトンによる有機物生産に貢献することになるのである。したがって、湖の水がいったん汚濁すると、汚濁原因物質となる窒素やリンが湖内で循環し、なかなか水質が浄化されないのである。

海は湖と同様に植物プランクトンが多く生息している場所である。そのため、海が富栄養化すると、植物プランクトン(渦鞭毛藻《うずべんもうそう》など)が大量に増えて赤潮が発生する。

海で汚濁問題が生じやすいところは湾内である。その理由は、湾の周りには人が多く住むために排水が流れ込みやすく、そのうえに、湾は海水の入れ替わりが悪い場所だからだ。しかし、それでも環境基準の達成率は湖よりもずっと高い。なぜなら、海には海流があり、また潮の満ちひきがあることで水位が大きく上下する。これによって、湾内でも、そこの水が湾外の水と比較的よく入れ替わるところが多いからである。

湖は水の入れ替わりが悪いために汚れやすく、水質浄化が難しいと述べた。ところが、そのような湖のなかで、諏訪湖の水質浄化が近年になって顕著に進み始め、全国的に注目されるようになってきた。

3-2 形態を変え、湖内循環する窒素とリン

ここからしばらくは、諏訪湖の水質浄化がなぜ進んだのか、についての話をする。

水質の環境基準値として、有機物量の指標であるＣＯＤ（湖沼、海域）とＢＯＤ（河川）が使われていることを紹介した。ところが、湖にはＣＯＤのほかに、全窒素濃度や全リン濃度が基準値に加えられているところがある。諏訪湖はそのような湖の一つだ。

窒素やリンが基準値になる理由は、窒素やリンが植物プランクトンを増やす栄養素（いわば餌）となるからである。これにより、有機物（植物体）が増え、湖水中のＣＯＤ値を上げることになる。そこで、アオコが発生するような富栄養湖では、ＣＯＤ値を下げるため、湖水中の窒素やリンの濃度の

■図 3-4　諏訪湖の流入河川の水には、植物プランクトンの栄養となる硝酸態窒素（無機態窒素）が比較的多く含まれている。しかし、その水が流れ込む諏訪湖では、時として硝酸態窒素はほとんど検出されなくなる

基準値も定められた。

ここで、なぜ全窒素濃度・全リン濃度と、「全」を頭に付けるのか疑問に思われる読者がいるかもしれない。これについて説明しよう。

湖の水質汚濁の原因となる窒素やリンは、主に川から湖に運び込まれる（図3-4）。その物質の多くは硝酸イオン（NO_3^-）やリン酸イオン（PO_4^{3-}）といった無機物の状態（無機態）のもので、速やかに植物プランクトンに吸収される。すると、この窒素やリンは有機物に含まれる元素（有機態）に変わり、食物連鎖を経て、ミジンコや魚など、多くの生物にまで運ばれることになる。ところが、これらの生物が死ぬと、その体はバクテリアによって分解される。そのとき、生物体内にあった窒素やリンが、再び無機態に戻って水中に溶け込むのである（図3-5）。そして、その無機態窒素やリンの多くは再び植物プランクトンに摂取されることになる。また、例えばミジンコが植物プランクトンを食べると、植物体の一部はミジンコの腸内で分解され、窒素やリンが無機態に変わる。そして、それは糞とともに水中に排出され、やはり植物プランクトンに吸収されるのである。したがって、窒素やリンは、極めて頻繁に無機態と有機態に姿を変え、水のなかと生物体の間をぐるぐると回っているのである。

するとある時点で、窒素とリンがどちらの形態になっていても、結局は植物プランクトンの生産（有機物生産）に寄与することになるので、無機態と有機態を区別せず、窒素とリン、それぞれの総量を考慮したほうがよいということになる。そこで、無機態と有機態を合わせた窒素やリンを「全」窒素、「全」リンと呼び、湖でどれだけ有機物が生産され得るかを示す指標として用いられているのである。したがって、植物プランクトンが無機態の窒素・リンを「餌」としている

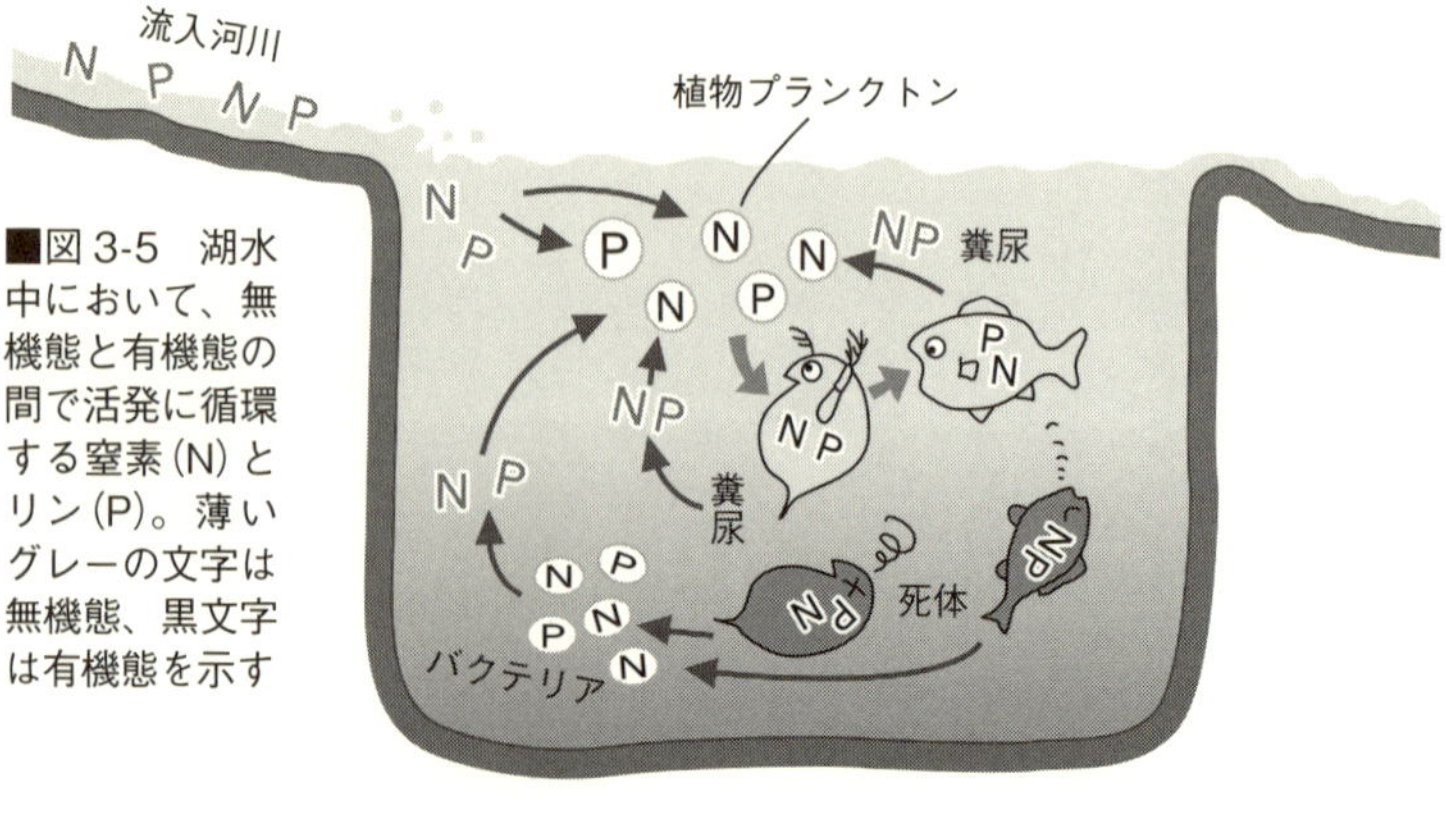

■図3-5　湖水中において、無機態と有機態の間で活発に循環する窒素(N)とリン(P)。薄いグレーの文字は無機態、黒文字は有機態を示す

からという理由で、無機態の物質の濃度だけを見ていても、湖の富栄養度を知ることができないのだ。

そのことを、窒素を例に、信州大学山岳科学総合研究所の宮原裕一氏が解析した二〇〇四年九月二一日の諏訪湖と流入河川のデータ（表3-1）を用いて考えてみる。

このデータがとられた日の諏訪湖の透明度は四〇cmに達せず、水はかなり濁っていた。クロロフィル（葉緑素のこと。植物だけが持っている色素）の濃度は湖水一リットル当たり二〇九・一μgとかなり高かったので、湖水が濁っていた理由は、植物プランクトンが多く発生して光の透過を妨げていたためだったことがわかる。

全窒素濃度の値を見ると、最も高いのが宮川《みやがわ》で、次が諏訪湖となっている。一方、硝酸態窒素（主要な無機態窒素）の濃度は、諏訪湖が最も低く、なんとゼロであった。流入河川中には少なからぬ量の硝酸態窒素が含まれていたので、それが諏訪湖に供給されていたことは間違いない。ところが、湖水中ではその窒素が検出されなかったのである。これは、大量に発生していた植物プランクトンが、水中の硝酸態窒素のほとんどを吸収してしまったためである。言い換えれば、湖内のほとんどの窒素は生物体内にあり、植物プランクトンはそれ以上増えられない状態（最大限に増えた状態）にあったことになる。ただし、

■表3-1　2004年9月21日に測定された、諏訪湖湖心の透明度とクロロフィル濃度、および諏訪湖と四つの主要な流入河川での全窒素濃度と硝酸態窒素濃度。出典：宮原(2005)より

諏訪湖	
透明度(cm)	クロロフィル (μg/L)
39.5	209.1

全窒素濃度(mg /L)				
諏訪湖	横河川	砥川	上川	宮川
1.3	0.8	0.7	0.7	1.6

硝酸態窒素(mg /L)				
諏訪湖	横河川	砥川	上川	宮川
0.0	0.3	0.2	0.6	1.4

この状態でも、一部の植物体は増殖と死亡・分解をくり返していたので、窒素は「植物プランクトン」→「水中」→「植物プランクトン」と、有機態と無機態に姿を変えながら循環していたはずだ。これは、リンについても同じである。

窒素とリンは湖の水質汚濁問題を考える際に極めて重要な物質であるが、湖内におけるそれらの物質の挙動を理解することが、その問題解決には欠かせないのである。

3-3 下水道が浄化に貢献

昔から諏訪湖を見ている方は、諏訪湖の水質浄化が近年になって急に進み始めたと感じているだろう。毎夏大発生していたアオコが一九九九年になって激減し、その後少ない状態が続いている。このことは、全国の湖沼の管理者や研究者の注目を集めている。

全国の多くの湖沼で水質浄化がなかなか進まないなか、なぜ諏訪湖の水質が改善したのか。これについて様々な検討がなされたが、研究者の一致した見解は、諏訪湖流域下水道がその水質改善に最も大きく貢献した、というものだ。

諏訪湖では一九六〇年代にアオコが恒常的に発生するようになったため、一九六五年に「諏訪湖浄

■図3-6　諏訪市豊田につくられた終末処理場。諏訪湖の浄化に大きく貢献している。
写真提供：長野県下水道公社南信管理事務所

化対策研究委員会」がつくられた。そこで浄化対策が検討され、諏訪湖周辺における広域下水道の整備が提言された。それを受け、一九六八年に「諏訪湖流域下水道計画打合会」が開かれ、下水道システムの建設が始まった。そして、諏訪市豊田《とよだ》に終末処理場（下水処理場）がつくられ（図3-6）、一九七九年の稼働開始にこぎつけたのである。

処理場では主に家庭や事業所からの排水を、下水道を通して集めて処理している。水質汚濁の原因物質は有機物なので、処理場に流入した水から有機物を除去するのが目的だ。

そのしくみをごく簡単に述べると、流入水を入れたタンクに活性汚

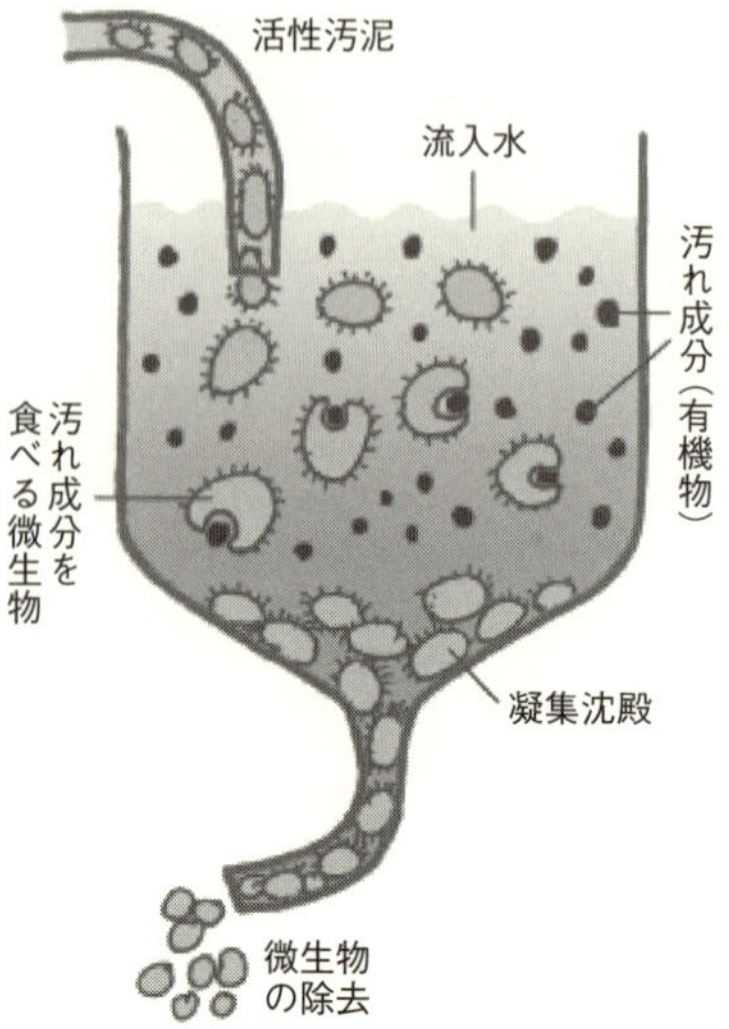

■図 3-7　処理場での有機物除去過程の概念図。タンクに投入された微生物が有機物を食べながら増殖すると、その後凝集して沈殿除去される

泥と呼ばれる微生物を加え、空気を吹き込んで好気的な環境を維持しながら微生物に水中の有機物を食べさせる（図3-7）。すると、増えた微生物（有機物）が凝集して沈殿するので、それをタンクから除去するのである。

長野県諏訪建設事務所と長野県下水道公社南信管理事務所が公表している処理水のデータを見ると、二〇〇八年度は、処理場への流入水の平均のCOD値は七二mg／L（ミリグラムパーリットル）であった（表3-2）。これはかなり高い値だ。ただし、これだけの量の有機物が、処理場がつくられる前に諏訪湖に流れ込んでいたわけではない。実は、以前は人間の屎尿《しにょう》はくみ取り式で集められ、屎尿処理場で処理されていた。ところが下水処理場がつくられたことで、屎尿も下水道に入れられて処理されるようになったのである。しかし、たとえ昔は屎尿を別に処理していたとしても、各家庭や事業所から川に排出され、諏訪湖に流れ込んでいた有機物量は、今の処理場からの処理排水（放流水）中の有機物量よりもずっと多かったはずである。

ところで、処理場からの放流水のCOD値は四・六mg／Lであった（表3-2）。この値は、流入水

■表3-2　2008年度における、処理場の流入水と放流水のCOD、有機物除去率、1日の流入水量と処理時間、および諏訪湖水中のCOD。出典：データは長野県諏訪建設事務所、長野県下水道公社南信管理事務所提供

処理場					諏訪湖水
COD(mg/L)		除去率(%)	1日の流入水量(t)	処理時間(時間)	COD(mg/L)
流入水	放流水				
72	4.6	93.7	106,386	20	5.3

の六・三%に当たる。すなわち、流入水中の有機物量のおよそ九四%が処理場で除去されたことになる。これはかなり高い除去率と言えるだろう。しかしながら、この放流水のCOD値は、同じ年の諏訪湖水のCODの年間平均値五・三mg／L（表3-2）よりもわずかに低い値にとどまっている。また、諏訪湖のCODの環境基準値である三mg／Lよりも高い。このことに、多くの読者が驚いたのではないだろうか。そして、処理場の浄化効率はたいして高くないと思われたかもしれない。

ここで理解していただきたいことがある。それは、非常に汚れた水をある程度にまできれいにするのは比較的簡単だが、きれいな水をさらにきれいにすることは難しいということである。なぜなら、水がきれいになるほど浄化効率が低下するからである。それでも、もしそれをやろうとするならば、例えば放流水のCODを一mg／Lにまで下げるには、今の活性汚泥を入れているタンクをもっと大きなものにし、もっと長い時間をかけて処理する必要がある。すると、現在処理場に入ってくる汚水（一日一〇万六〇〇〇トン）を今と同じ時間（約二〇時間）で処理しようとすると、今よりももっとずっと大きな処理場をつくらなければならなくなるのである。

諏訪湖浄化のアイデアを一般に募ると、「諏訪湖の水を処理場で浄化すればよい」という提案が寄せられることがある。しかし、これは得策ではない。

なぜなら、処理場で浄化するには、諏訪湖の水はきれいすぎるのである。言い換えれば、汚れた湖の水を浄化するのは簡単ではないということだ。それでも、諏訪湖では水質浄化が進んでいる。これには処理場の工夫がある。それは後ほど紹介することにしよう。

3-4 高濃度の窒素・リンが処理排水に溶け出す

Lake Suwa

前項では、下水処理場に運び込まれた汚濁水中の有機物の約九四%が除去されていること、ところが処理された水（処理排水）のCOD（有機物量の指標）値が諏訪湖水のCOD値とあまり変わらないことを述べた。そのとき、処理場ではこれだけ水をきれいにしているのに、なぜ諏訪湖の水はまだ汚れているのだろう、と疑問を持った人がいたのではないだろうか。そこで、諏訪湖の水に及ぼす処理場の影響について考えてみる。

昔は、家庭や事業所から排出された、有機物を大量に含んだ水は川に直接流れ込み、ほぼそのまま諏訪湖に入って湖水を汚していた（図3-8）。もし、その家庭・事業所排水のすべてが下水道に入れられることになれば、その有機物は川に入らなくなるので、川の水は有機物濃度がかなり低いきれいなものになるはずである。

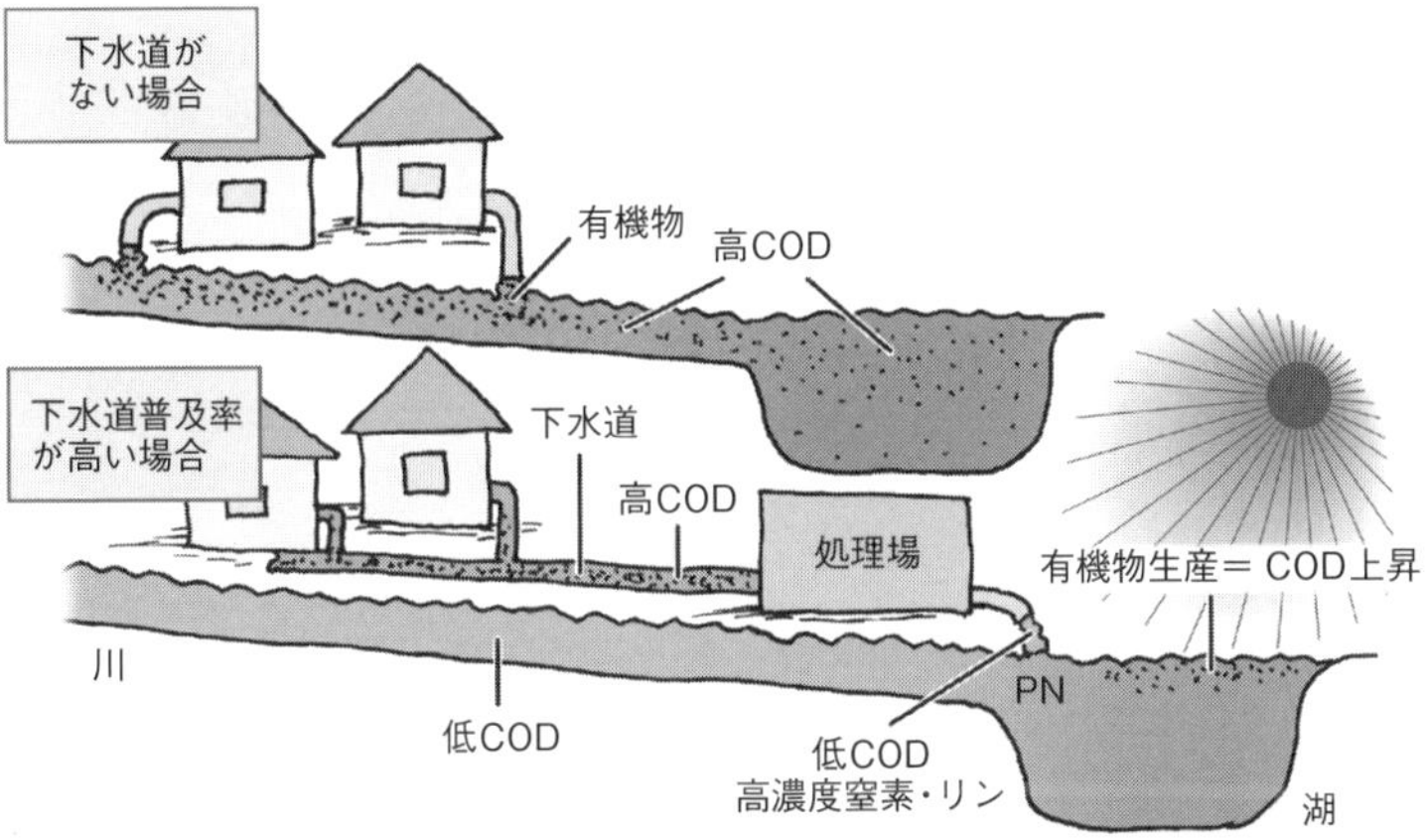

■図 3-8　下水道がない場合（上図）と、下水道普及率が高い場合（下図）の川と湖の水質。下水道がなく、家庭からの排水が川にたれ流されていたときは、川も湖もCODが高い（上図）。家庭排水のすべてが下水道に入り、処理場で処理された排水が湖に放流されたときは、川のCODは低いが、湖には無機態の窒素（N）やリン（P）が流入し、植物プランクトン（有機物）の増殖を促し、CODは高くなる

現在、諏訪地域の下水道普及率は、二〇〇六年度には九七・二％に達している。これは、ほぼ同時期の他の湖の集水域での普及率（琵琶湖：九三％、手賀沼・印旛沼：約八〇％、霞ヶ浦：約六〇％。田渕、二〇〇九）に比べてかなり高い。

ただし、この値だけで喜んでいてはいけない。これは、下水道施設計画域（流域人口の九九％をカバーする地域）の道路に下水道を施設したものであり、下水道が各戸の排水口とつながっているか否かは別である。各戸の排水口を下水道につなげるには、その工事費を各戸が負担しなければならない。そのため、個人の家や事業者のなかにはそれをしていないところがある。すると、そこからの排水は川に入り、そのまま湖に流れ込むことになるのである。

下水道が普及した地域のすべての家庭と事業

所のうち、排水口を下水道につなげている割合を接続率と呼んでいる。諏訪地域での二〇〇六年度の接続率は九七・八％であり、やはり非常に高い。このことから、諏訪地域の住民の諏訪湖浄化に対する意識の高さが伺われる。

すると、現在の諏訪地域では、家庭や事業所からの排水は川にはほとんど入っていないことになる。実際、諏訪湖に流入する四大河川（上川、宮川、砥川、横河川《よこかわがわ》）のCOD値（BOD値ではない）は下水道の普及に同調するように低下しており、現在はおよそ一〜二mg／Lの範囲内にある（長野県データ）。これは諏訪湖の現在のCOD値五・三mg／Lよりずっと低い。すると、処理場からの排水に比較的多くの有機物が含まれていて、それが諏訪湖に放出されたとしても、その排水は、大量に流れ込むきれいな河川水によって薄められ、諏訪湖のCOD値はもっと低くなるはずである。

ちなみに、河川から諏訪湖に一日に流入する量を一五〇万トン、平均COD値を一・五mg／Lとし、その流入河川水に処理場からの排水（COD四・六mg／L、一日の排出量一〇万トン）を加えた場合のCOD値を計算すると一・七mg／Lとなる。このCODの値は透明度が七mと、きれいな水をたたえる今の野尻湖《のじりこ》に近い。ところが、諏訪湖の透明度は、よくても一・五m程度であり、野尻湖のような水質になるのはほど遠い。なぜだろう。

その疑問を解く重要な鍵は、水中に溶けている無機態の窒素とリンにある。第3章第2項で紹介したように、少なからぬ量の無機態窒素やリンが諏訪湖に流れ込んでいる。また、下水処理場からの排水中にも無機態の窒素やリンが比較的多く含まれているのである（図3-9）。その理由は、集水域内

■図 3-9　諏訪湖畔にある終末処理場の砂ろ過池。処理水が最後にここを通り、浮遊物質が除去されて放流される。ここの水は非常に澄んでいて、水深 1.2m ある池の底がよく見える。しかし、この水のなかには、窒素やリン（ほとんどが無機態）が、諏訪湖水中の全窒素・全リン濃度よりも高い濃度で含まれている（撮影協力：長野県下水道公社南信管理事務所）

で死んだ動植物体（有機物）が分解されるときに、体内にあった窒素やリンが無機化されて水に溶け、川に流れ込むためである。これは処理場でも同じで、浄化槽で有機物を分解する際に無機の窒素やリンがつくられ、水中に溶け出すのである。

長野県諏訪建設事務所と長野県下水道公社南信管理事務所が公表している処理水のデータを見ると、二〇〇八年度の下水処理場からの排水中の全窒素濃度と全リン濃度（ほとんどが無機態）の値は、窒素で八・九㎎／Ｌ、リンで〇・四三㎎／Ｌであった。なんと、この値は同年の諏訪湖水中の全窒素濃度、全リン濃度のおよそ一〇倍と高い値であった。これらの窒素やリンが諏訪湖に入ると、植物プランクトンに吸収され、太陽の下で植物プランクトンの増殖（有機物生産）が促されることになる。そしてそれが湖水中のCOD値を上げるのである（図3-8）。

3-5 放出された処理排水が天竜川浄化にプラス

前項では、処理場からの排水中の無機態窒素・リンの濃度が、今の諏訪湖の全窒素・全リン濃度の一〇倍近い値になること、そして、それが湖水中の植物プランクトンを増殖させ、COD値を高める要因になることを述べた。したがって、この排水中の無機態窒素・リン濃度を下げることが処理場の課題であろう。この課題に対し、現在の諏訪の処理場では、すでに「高度処理」と呼ばれる、無機態窒素・リンを除去する工程を、全体の処理工程のなかに組み込んでいる。しかしながら、それでもまだ窒素・リンの濃度は高い。排水中の無機態窒素・リンの濃度を下げるのは、難しいことなのである。

実は、このことは下水処理場の建設計画がつくられたときから予想されていた。そこで、その対策として考えられたことが、「処理排水を諏訪湖に入れない」ということだった。そのため諏訪湖の南にある山にトンネルを掘り、そこを通して処理排水を直接天竜川に放出する計画がつくられた（図

3-10）。ところが、天竜川流域の住民から「いくら処理されたといっても、上流の住民の生活排水を天竜川に直接流すのはけしからん」といった声が上がり、その計画が取りやめになったと聞いている。

そこで、長野県は処理排水を諏訪湖に入れることにしたが、その排水を、湖内に敷いた二本の導水管を通し、諏訪湖から天竜川への出口となる釜口水門《かまぐちすいもん》のおよそ一〇〇m手前で放出することにした（図3-10、3-11）。これだと、確かに排水を諏訪湖に放流していることになるが、その排水のほとんどは諏訪湖内にとどまらずに天竜川に流れ出る。

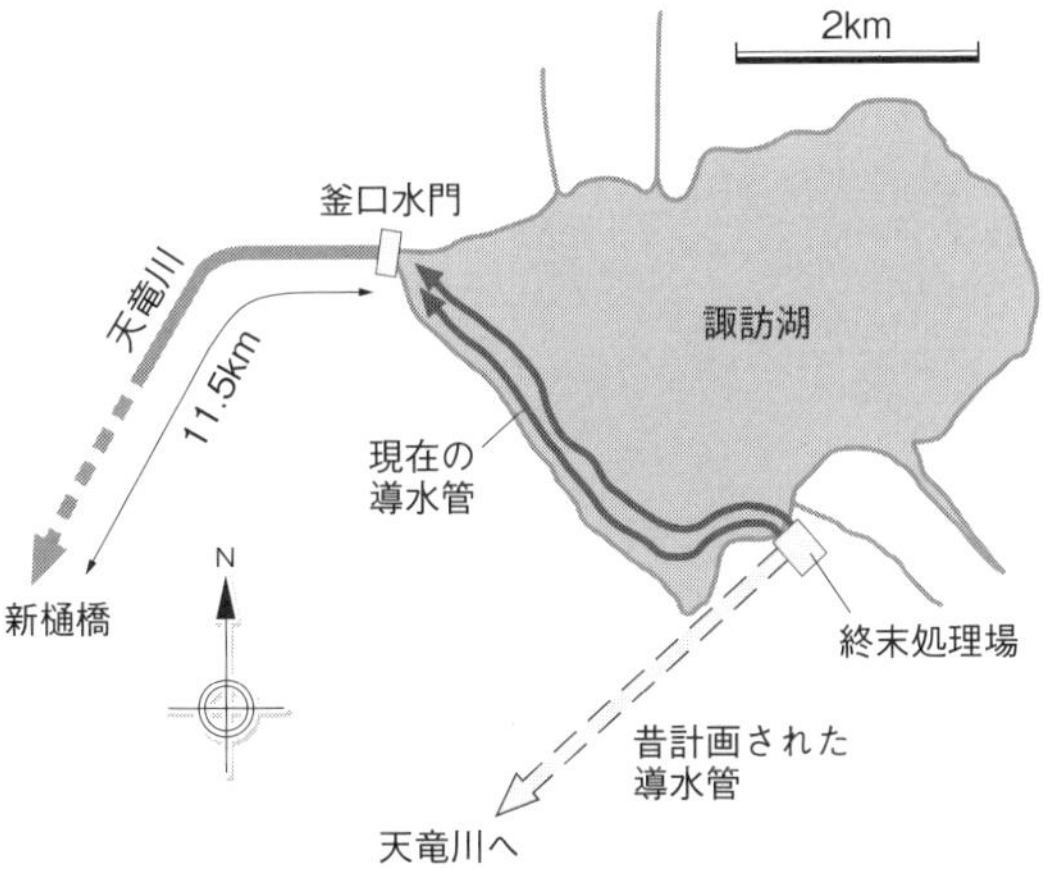

■図 3-10　諏訪湖畔にある終末処理場と、現在処理排水を流している２本の導水管。処理場建設時に計画された導水管の位置と、処理排水が天竜川の水質に与える影響を評価した地点（新樋橋）も示す

これではまるで天竜川流域の住民をだましたように思われる。しかしながら、これは天竜川の水質浄化にもプラスに働くのである。そのわけを説明しよう。

処理排水には大量の無機態窒素・リンが含まれており、それが諏訪湖に入ると植物プランクトンを増やして水質汚濁を促進させる。ところが、このことは天竜川には当てはまらない。なぜなら、湖と川では、環境が大きく異なるから

■図 3-11　処理場からの排水を釜口水門近くに運ぶためにつくられた導水管（上）と、それを湖内に敷設する工事の様子（下）。1978 年撮影（写真提供：長野県下水道公社南信管理事務所）

である。最も大きな違いは、水がよどんでいるか流れているか、ということだ。

水がよどむ湖の生物群集では、プランクトンが中心である。プランクトンは水中に浮遊しながら湖全体に分散し、しかも数が非常に多い。すると湖水中に窒素・リンが入ってくると、湖内の至る所に分布している植物プランクトンが、それを効率よく吸収して増殖する（図3-12）。一方、川は水が流れる場で、生息する生物の多くは、石にしがみついている水生昆虫や付着藻類だ。付着藻類は植物プランクトンと同じ単細胞の藻類で、やはり水中の窒素・リンを吸収して増える。しかし、石に付着しているので、その石の近くに流れてきた水のなかの窒素とリンしか吸収できない。石の表面から離れた表層を流れる水中の窒素・リンは利用できないのである（図3-12）。そのため、湖の植物プランクトンに比べると、水中の窒素・リンを吸収する効率がかなり低いと言える。したがって、水を汚す原因となる有機物の生産速度は、湖と比べると低いのだ。

すると、もし、処理場からの排水を天竜川に直接流すと、無機態窒素・リンは比較的高濃度で川に入ることになるが、それがあまり有機物生産に使われないので、川の水質汚濁はそれほどひどくならないと考えられる。一方、もし処理排水を諏訪湖に流したなら、それによって湖内の植物プランクトンが大量に増殖する。そして、増えた植物プランクトン（有機物）が釜口水門から流れ出し、天竜川を汚濁させることになるのである。

以前、環境省のプロジェクトで、諏訪の終末処理場からの排水を諏訪湖に入れた場合と、直接天竜川に流した場合を想定し、それぞれで、釜口水門から約一一・五kmの距離にある天竜川新樋橋《しんといばし》地点での全リン濃度と有機物量（COD値）がどの程度になるかを、二〇〇〇年の諏訪湖水や処理場のデータを用いてシミュレーションをした。

その結果、全リン濃度は、排水を湖内に放流した場合には〇・一〇mg／Lで、天竜川に放流したときには、それより高い〇・一七mg／Lとなった（図3-12）。ところが、CODではその逆で、湖内放流では五・九mg／Lであったのに対し、天竜川への直接放流では五・〇mg／Lと、一五％も低くなった（図3-12）。

この結果は、処理排水を直接天竜川に放流したほうが、天竜川の水質がより浄化されることを示している。すなわち、天竜川を浄化するには、諏訪湖での植物プランクトンの増加を抑えることが必要なのである。

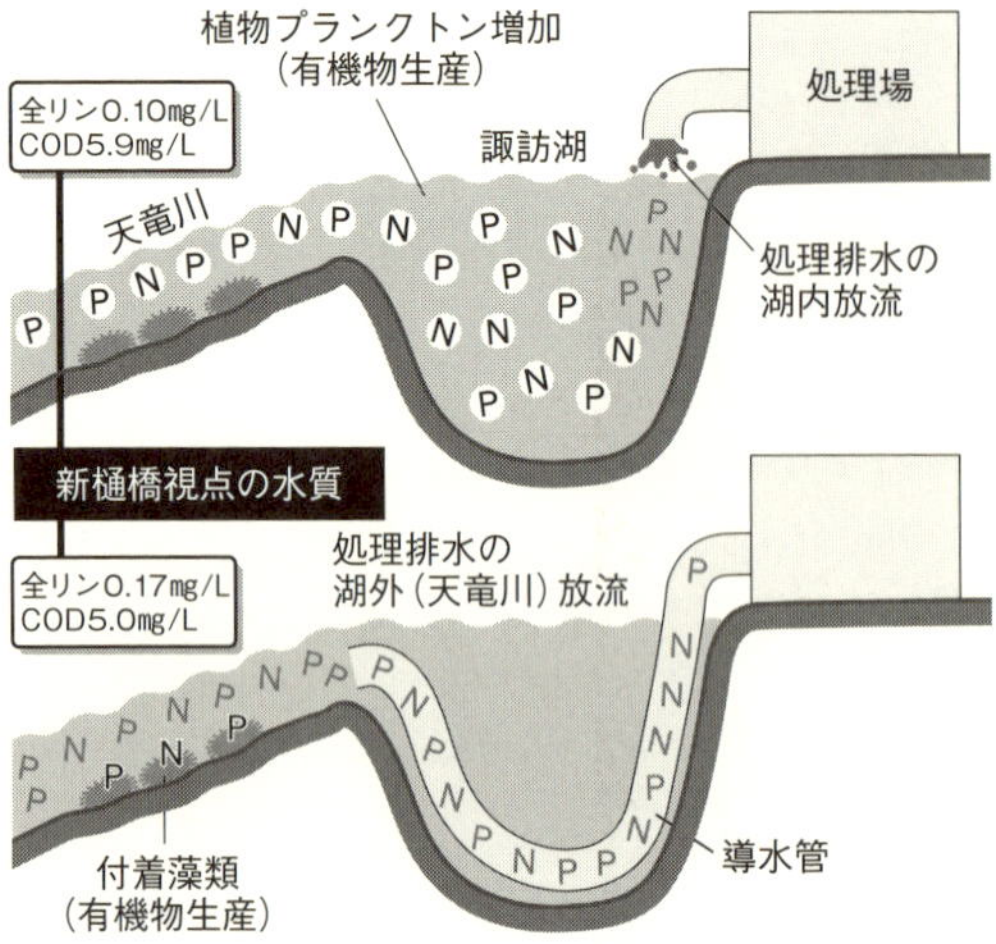

■図3-12　処理排水が諏訪湖内に放流された場合（上図）と、導水管を通して天竜川に放流されたとき（下図）の、窒素（N）とリン（P）の動態。薄いグレーの文字は無機態、黒文字は有機態を示す。処理排水の放流位置が異なった場合の天竜川新樋橋地点の水質の値（全リン濃度とCOD）も示す。上図では、植物プランクトン（有機物）が大量に天竜川に流れ出すが、下図ではそれが少ない

3-6 諏訪湖の水質の変化

諏訪の終末処理場で処理された水は、導水管を通し、諏訪湖の流出河川である天竜川への出口となる釜口水門の近くで放流されている。そのため、処理場からの排水はほとんど諏訪湖に入っていない。すると、下水道の普及率と接続率が高くなればなるほど、家庭や事業所（これを特定汚染源と呼ぶ）からの排水は湖に入らなくなる。この普及率と接続率は、現在は一〇〇％に近い。したがって、今では、特定汚染源の影響は諏訪湖にはほとんど及ばなくなったと言える。

図3-13に、非特定汚染源（森林や農地など）と特定汚染源から諏訪湖に供給されるリンの量（リンの負荷量）の変化を示す。非特定汚染源からの負荷量はほとんど変化していないが、特定汚染源からの負荷量は顕著に低下した。特定汚染源からの負荷量が全体の負荷量に占める割合は、一九九一年には七二％だったが、二〇〇六年には二五％にまで下がった。その結果、今では諏訪湖に供給されるリンのほとんどが、森林や農地由来のものになったと言える。

ここで、人のいない森林がリンの負荷源になっていることに驚いた人がいるかもしれない。しかし、これは驚くには当たらない。なぜなら、樹木は、湖水中の植物プランクトンと同様に、成長をするのにリンと窒素を必要としているからである。植物プランクトンは水中に溶けているリンや窒素を利用

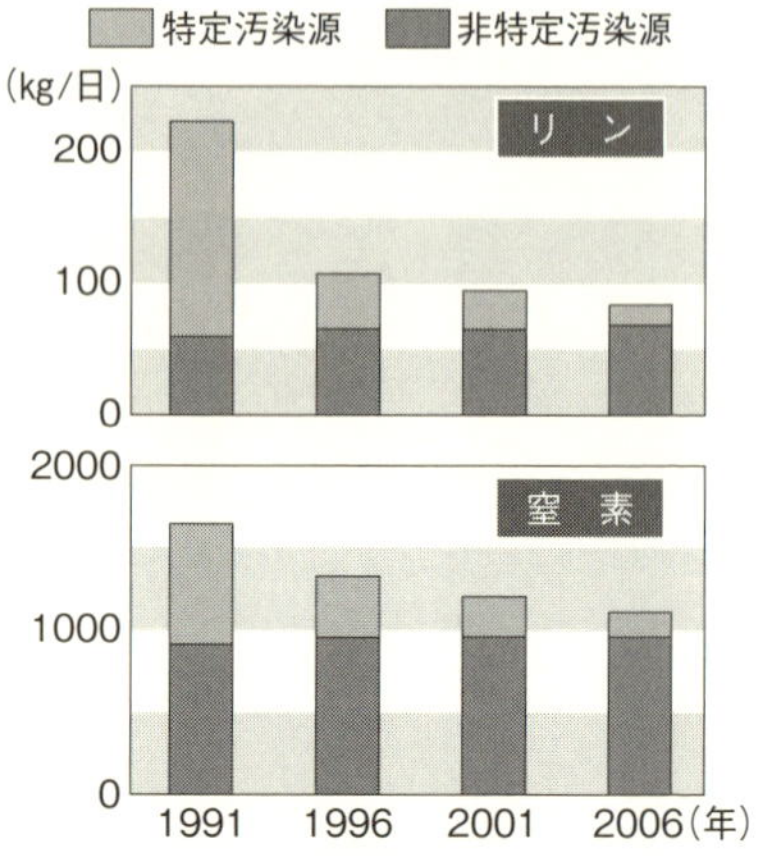

■図3-13　特定汚染源（家庭や事業所）・非特定汚染源（森林や農地など）からの、リンと窒素の諏訪湖への1日当たりの負荷量（kg）の経年変化。出典：長野県

しているが、樹木は土壌中の水に溶けているリンや窒素を根から吸収し、葉などの生産に利用している。すると、葉が枯れて地面に落ちると、葉をつくっていた有機物がバクテリアによって分解され、そのなかに含まれていたリンや窒素が土壌中の水に溶け込むことになる。その一部は再び根を通して樹木に利用されるが、残りの内の一部は雨に洗われて川に流れ込み、そして、諏訪湖へと運ばれる（図3-14）。森林は、諏訪地域に人がほとんど住んでいなかった大昔にも存在し、そのときにも諏訪湖にリンや窒素を供給していたのである。そのリンや窒素は、諏訪湖の植物プランクトンを育て、それを餌にするミジンコや魚などの命を支えていたのだ。

「海の魚介類を増やすために、川辺や海岸の森林を守りましょう」という声をよく耳にする。これは、魚介類につながる食物連鎖の起点にある海の植物プランクトンに対し、森林が栄養素を供給しているからなのである。したがって、諏訪湖では困りものとされてきたリンや窒素も、全くなくなったら大変なことになる。適量にあることが重要なのだ。

近年の諏訪湖では、下水処理場の働きで、湖に流入するリンや窒素の量が減り、その結果、湖水中

■図 3-14　森林も汚染源として、諏訪湖にリンや窒素を供給している（茅野市の上川）

のリンの濃度が着実に低下してきた（図3-15）。そして、二〇〇一年、ついにその濃度は、諏訪湖に与えられていたリンの環境基準値、〇・〇五mg／Lを下回った。一方、窒素については、その湖内濃度の低下はリンよりも穏やかである。これは、諏訪湖への窒素の供給源としての森林や農地の役割が、家庭や事業所よりも大きいためである。図3-13を見ると、まだ下水道の普及率が高くなかった一九九一年の時点でも、諏訪湖への窒素の負荷は、特定汚染源よりも非特定汚染源から

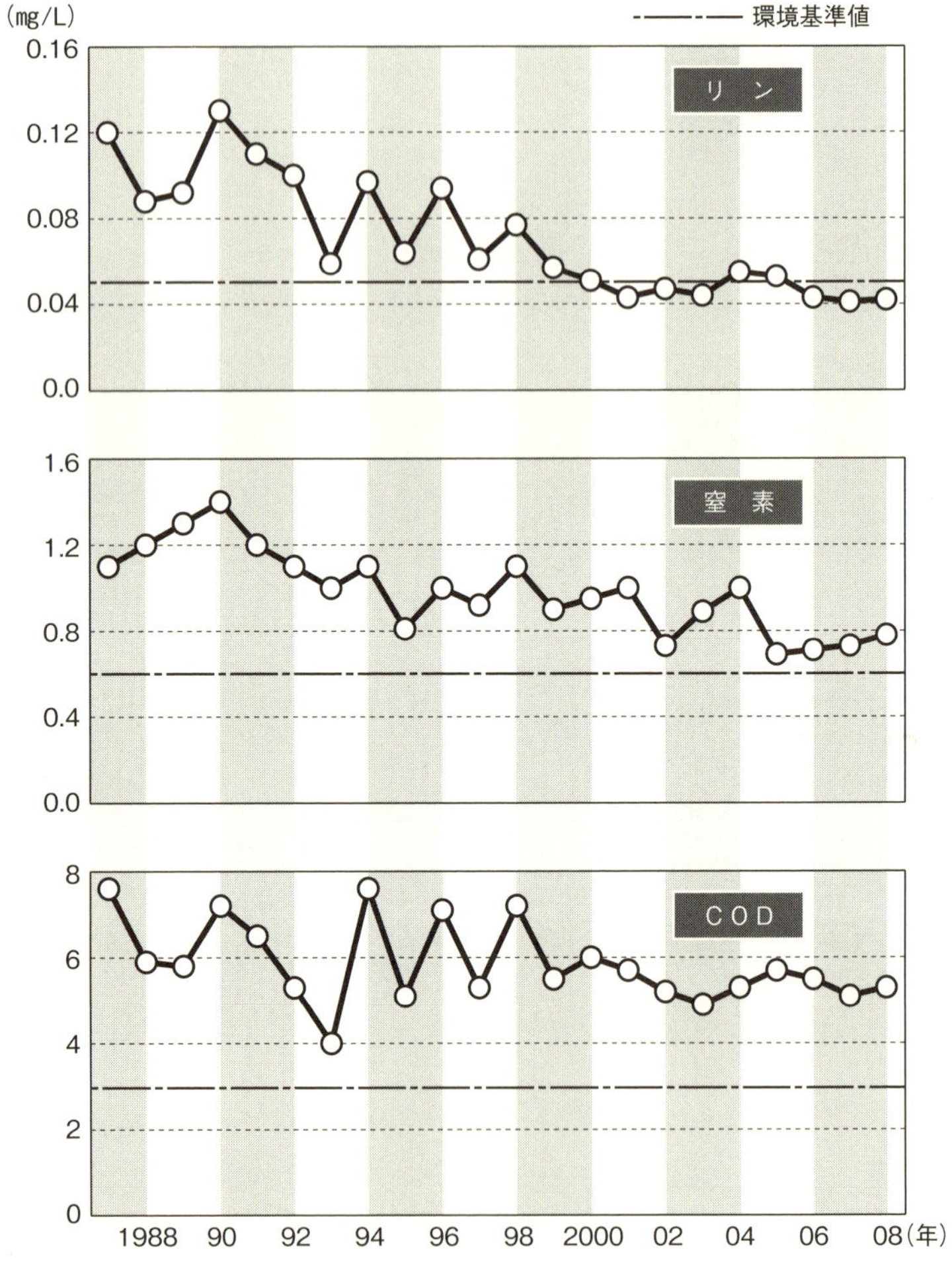

■図 3-15　諏訪湖の全リン濃度、全窒素濃度、および COD 値(mg/L)の経年変化。
出典：長野県

のほうが多かったことから、それがわかる。

ここで不思議なことがある。近年になって諏訪湖の水中の全リンや全窒素濃度が低下したのに、COD値がそれほど下がっていないということだ。例えば、一九八八年以後で全リン、全窒素、CODがほぼ最高値に達した一九九〇年と、二〇〇八年の値を比べると、全リン濃度は六七％減、全窒素は四四％減であったのに対し、CODはわずか二六％しか減っていない。実は最近、同様の傾向が多くの湖で見られるようになっている。この原因はまだよくわかっていない。水質汚濁の指標としてのCODの再検討が必要なのかもしれない。

いずれにせよ、諏訪湖では、近年になってアオコが激減するという〝事件〟が起きた。水質浄化に向けた歩みは確実に進んでいるのである。

第4章 水質浄化と生態系

2000年7月20日(海の日)に開催された水泳大会。諏訪市湖畔公園から、約200m先の初島までを往復した

4-1 アオコが突然少なくなった

諏訪湖畔にある終末処理場は、その稼働が始まった一九七九年以後、家庭や事業所からの排水を集めて処理し、その処理水を導水管を通して湖外に放流している。そのため、下水道の普及率の上昇に伴って、湖内に流入する窒素やリンの量が減った。その結果、湖水中の窒素やリンの濃度が年々着実に低下してきた。この低下傾向は、特にリンで顕著である。そうなると、湖の水質浄化が顕著に進むと思われた。しかし、水質汚濁問題を抱えた諏訪湖の象徴であるアオコは、減る気配を見せなかった。

アオコは湖面を覆うので、湖水の透明度に大きな影響を与える。そのため、透明度の変化を見ると、アオコの発生量の変化を推し量ることができる。

湖畔にある信州大学山岳科学総合研究所（旧理学部附属諏訪臨湖実験所）では、一九七七年から諏訪湖の水質と生物群集の調査を、月に二〜三回の頻度で続けている。そのデータを用いて、アオコが発生しやすい七月から九月までの三カ月間の平均透明度を算出し、その経年変化を調べた（図4-1）。透明度は、直径三〇cmの白い円盤（透明度板）を湖水中に沈め、それが見えなくなるぎりぎりの水深を表す（図4-2）。この図から、処理場が稼働を始める前の一九七七〜一九七八年には透明度がたったの四〇cm程度であったことがわかる。

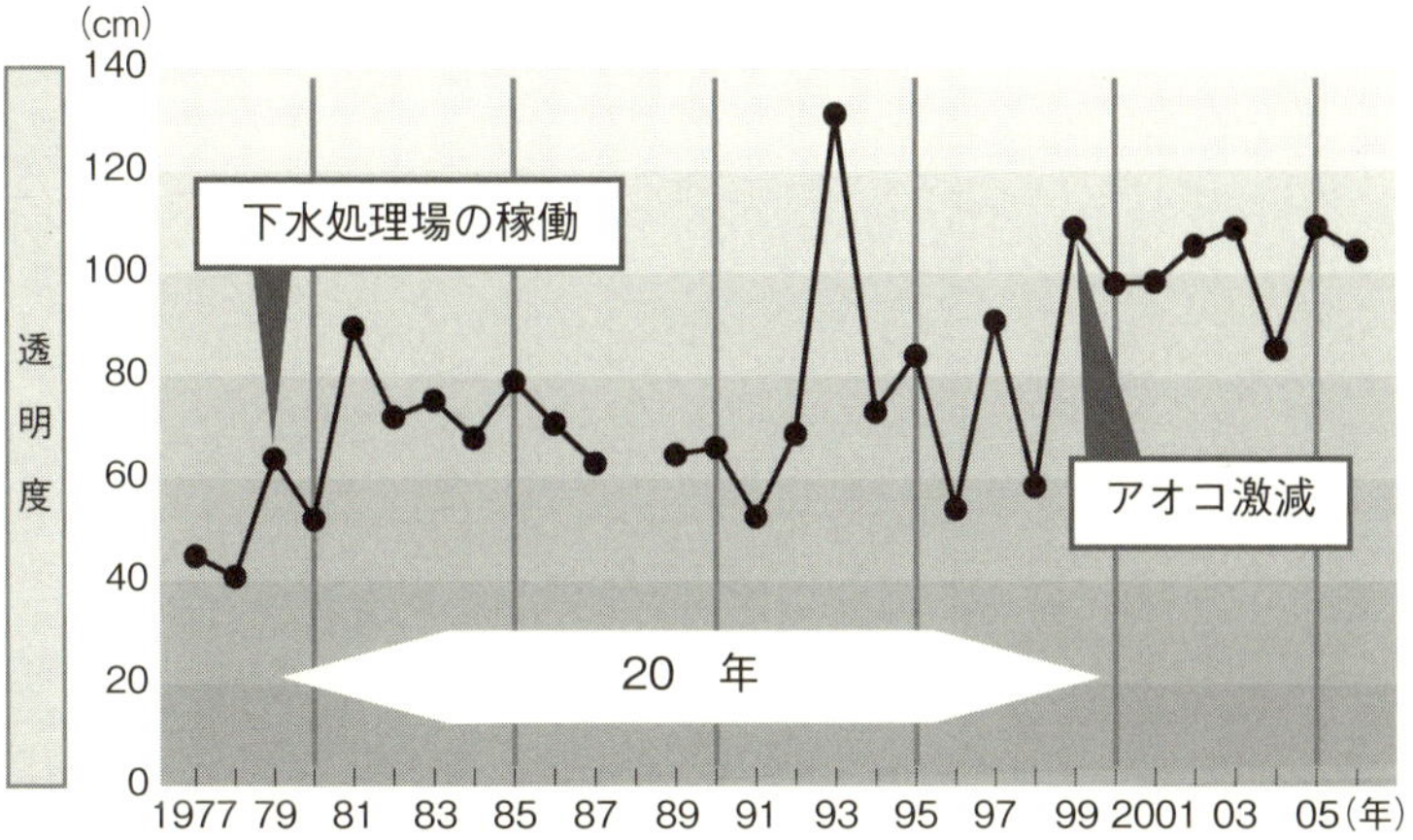

■図 4-1　諏訪湖中央部における 7 ～ 9 月の平均透明度
出典：沖野・花里(1997)、花里ら(2003)、宮原(2007)

■図 4-2　湖上での透明度の測定風景。白くて丸い円盤が透明度板で、これを湖水中に沈めて測定する

この透明度は、処理場の稼働が始まるとおよそ七〇cmに上昇した。数字的には処理場の影響がすぐに現れたと言えそうだ。しかし、相変わらずアオコが大量に発生しており、見た目には水質浄化が進んだとはとても思えなかった。その後、湖水中の窒素やリンの濃度が徐々に低下したが、夏の平均透明度はほとんど変化がなく、約七〇cmという値を維持していた。図4-1では、一九九三年の透明度が著しく高くなったことが示されているが、これは例外とすべきものである。なぜなら、この年は日本列島が記録的な冷夏に見舞われたからである。気温が低く日射量が減少したため、全国で米が不作となった。米不足の対策として政府がタイ米を緊急に輸入したことを覚えている人も多いだろう。この冷夏は、アオコの発生も抑えたのである。

処理場が稼働した後も、長野県は諏訪地域の下水道の普及率上昇に努めてきたが、一九八〇年代、そして一九九〇年代になっても透明度に大きな変化はなかった。この頃の住民のなかには、一向に減る様子が見られないアオコに対してあきらめの気持ちがわいていた人が多くいたのではないだろうか。ところが一九九九年になって〝異変〟が起きた。春が過ぎて夏になってもアオコが増えなかったのである。その結果、この年の夏の平均透明度は一〇〇cmを超えた。このアオコの発生量が少ない状態は翌年以降も続き、二〇〇〇年には諏訪湖で水泳大会が開かれた（図4-3）。そして、今度は、およそ一〇〇cmという夏の透明度が毎年維持されている。おもしろいことに、湖の透明度（アオコ形成藻類を含む植物プランクトン量の指標）は、徐々に変化するのではなく、ある時点ごとに段階的に変わっていくようだ。

■図 4-3　アオコが発生しなくなった諏訪湖で行われた水泳大会。写真は 2001 年 7 月に撮影

植物プランクトンは光合成によって有機物をつくっており、それは食物連鎖を介してミジンコや魚などの命を支えている。したがって、植物プランクトンは湖内の生態系の要の役割を果たしており、その現存量の突然の変化は生態系全体の変化につながる。すると、諏訪湖で見られた現象は、次のように説明できるだろう。

生態系は、環境の変化（この場合は、湖水中の窒素やリンの濃度の変化）に逐一反応して変わるものではなく、ある時点（おそらく、環境要因がある閾値《いきち》を超えて変化したとき）で突然大きく変化する。このような現象は、近年様々な生態系で観察されており、生態系のレジームシフト（相転移）と呼ばれている。

すると、人間が湖を富栄養化させてアオコが安定して発生する状態にしてしまったなら、一生懸命に水質浄化の努力をしても、その成果はその努力に応じてすぐには現れるわけではないということになる。諏訪湖では、終末処理場をつくってからアオコが激減するまでにちょうど二〇年を要した。いったん湖を汚したら、元の状態に回復させるには多大な努力と長い時間が必要なのだ。このことを我々は諏訪湖から学んだのである。

4-2 夏の諏訪湖、毒素が減少

一九九九年、汚れた諏訪湖の象徴であったアオコの大発生がなくなった。アオコをつくっていたのはミクロキスティスという藍藻だ。これは世界中の富栄養湖の多くでアオコをつくる藻類としてよく知られている。ミクロキスティスは光合成をするので藻類と呼んだが、細胞の構造はバクテリア（細菌）と同じであり、核膜を持たない。したがって、藍細菌とも呼ばれる。

湖水中の藻類は窒素とリンを欲していることが多い。増殖するためにはこれらの物質が不足しがちだからである。このことはミクロキスティスでも同じだが、この藍藻は特にリンを多く必要としているようだ。そのため、リンが不足すると増殖が大きく抑制される。

長野県は、これまで諏訪湖の水質浄化対策として下水処理場をつくり、下水道の普及に努めてきた。その結果、湖水中の窒素やリンの濃度が着実に低下してきた。そのうちでも特にリン濃度の減少が著しく、二〇〇一年には環境基準値の〇・〇五mg／Lを下回るようになった。そして、その年を迎える二年前にミクロキスティスの発生量が著しく減ったのである。したがって、これには湖水中のリン濃度の低下が大きく寄与したと考えられる。

ただし、顕著なアオコの発生がなくなってもミクロキスティスが完全に姿を消したわけではない。その後も、量は少ないが、夏になるとミクロキスティスが出現している。ところが、おもしろいことに、一九九九年を境にミクロキスティス属の優占グループが替わったのである。これは、信州大学理学部の朴虎東氏の研究によって明らかにされたことだが、それまではエルギノーサとビリディスと名付けられたグループが圧倒的に多かったが、その後はヴーゼンベルギとイクチオブレイブという名のグループが優占するようになったのだ（図4-4）。

ここで注目すべきは、アオコが大発生していたときに優占していた二つのグループがミクロキスティンという毒素を多く生産するのに対し、アオコが減ってから優占したのは、その毒素をほとんどつくらないグループのものだったということだ。その結果、アオコが減った後は、湖水中の毒素量が大きく減ることになった。これは、湖の水質の管理者にとってはありがたいことである。特に湖を飲料水源として利用しているところではその意義は大きい。

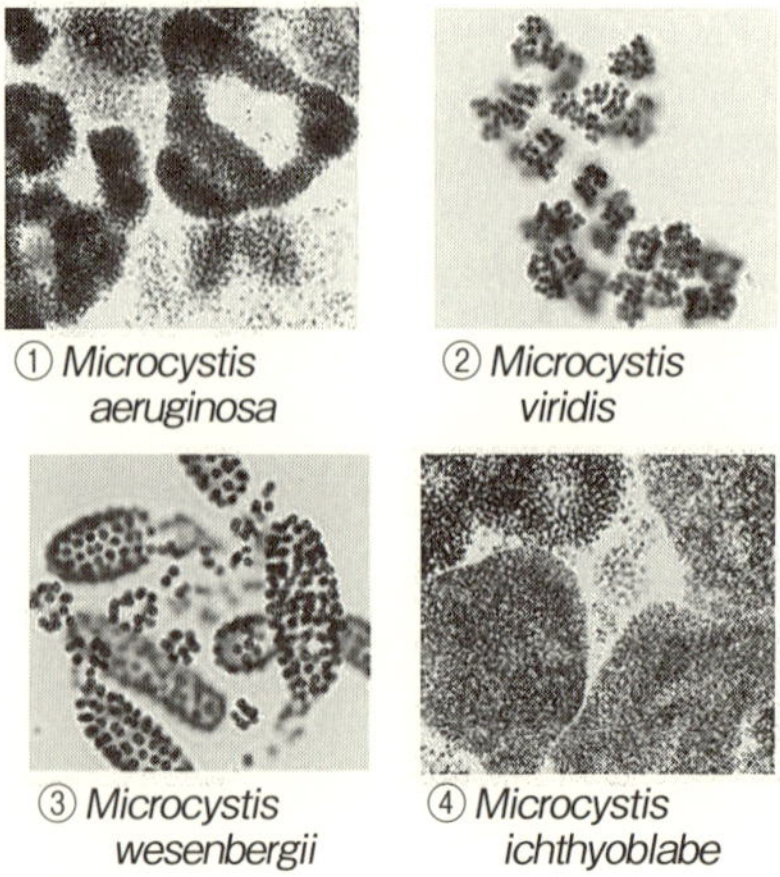

■図4-4　アオコをつくるミクロキスティスの四つのグループ
①ミクロキスティス・エルギノーサ（*Microcystis aeruginosa*）、②ミクロキスティス・ビリディス（*Microcystis viridis*）、③ミクロキスティス・ヴーゼンベルギ（*Microcystis wesenbergii*）、④ミクロキスティス・イクチオブレイブ（*Microcystis ichthyoblabe*）。①と②は毒素をつくり、③と④は毒素をほとんどつくらない（写真提供：朴虎東）

ところで、湖水中のリン濃度が低下したら毒素をつくらないミクロキスティスが優占したということは、この藻類が毒素の生産に多くのエネルギーを費やしていることを示唆している。なぜなら、リンはATPという、体内のエネルギーの保存や利用に関わる物質をつくる元素だからである。すると、エネルギーを消費してまでも生産している毒素は、ミクロキスティスの生存にとって重要な役割を果たしているに違いない。例えば、天敵のミジンコから身を守るなど。しかし、第1章第5項で述べたように、ミクロキスティスは大きな群体をつくるので、それだけでミジンコには食べられにくい。すると、毒素生産の意義がわからなくなる。これは今も解決されていない疑問である。

さて、諏訪湖では毎夏藍藻がアオコをつくっていたが、それが激減すると、替わって珪藻《けいそう》が増えるようになった（図4-5）。多くの湖では、珪藻は水温の低い秋から春にかけ藻類群集で優占することが多い。これは諏訪湖でも同じだった。したがって、珪藻が夏に増えたことは驚きを持ってとらえら

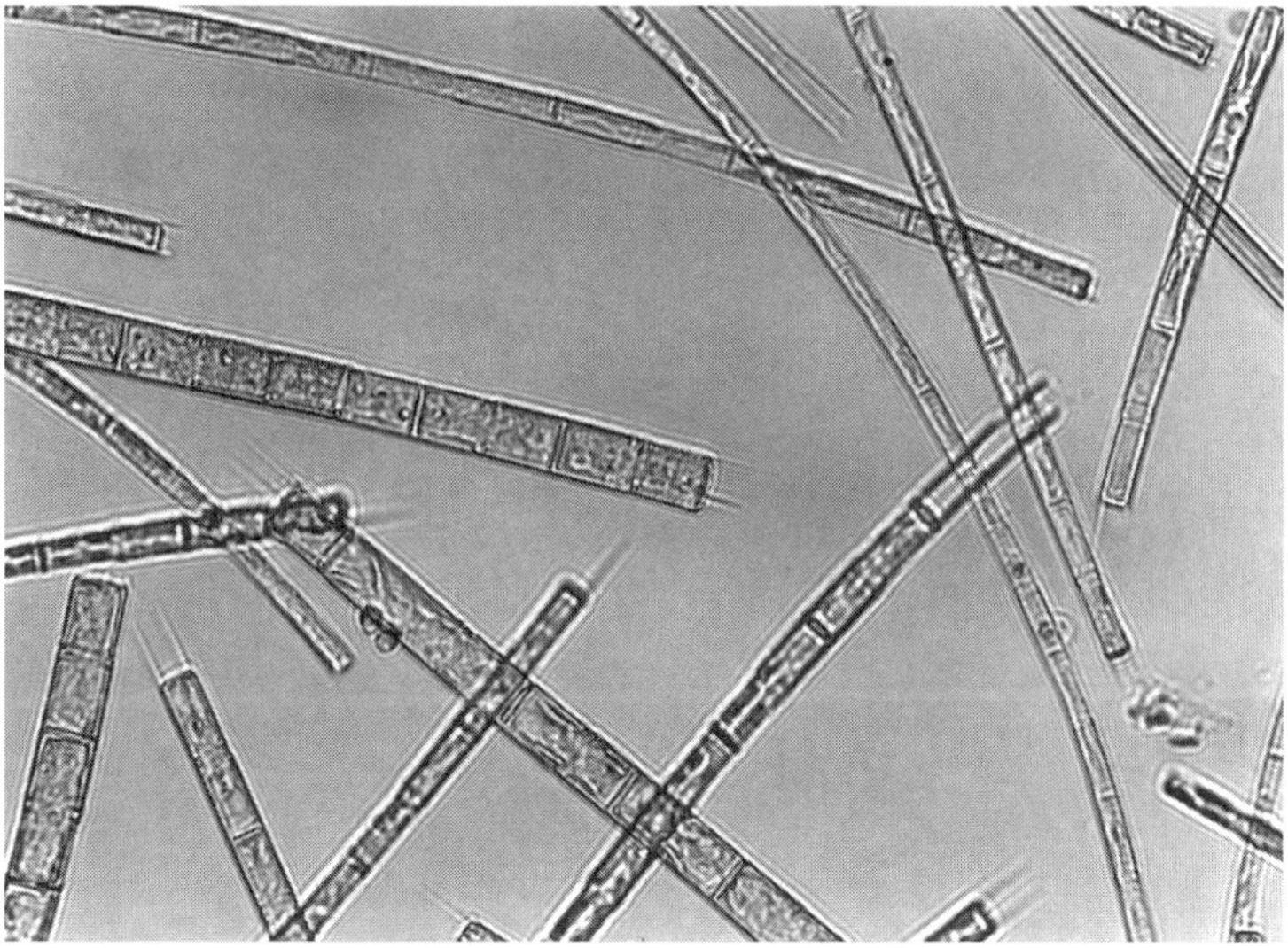
図 4-5　近年、夏でも諏訪湖で優占するようになった珪藻のアウラコセイラ(撮影：荒河尚)

れた。

珪藻は珪酸質の堅い殻を持っているため、他の多くの藻類種より比重が大きく沈みやすい。そのため、明瞭な表水層と深水層ができて湖水が上下に混合しづらくなる夏に、多くの珪藻が沈降するようになった。諏訪湖の底は暗黒の世界なので、沈んだ藻類は光合成ができずに死に、バクテリアによって分解される。そのときバクテリアが酸素を消費するため、湖底付近に貧酸素層が生まれることになる。

今、諏訪湖では夏になると湖底の腐泥が増えているようで、そのため湖底の貧酸素状態が、大量のアオコが発生していたときよりもひどくなっている。腐泥の増加には、沈降した珪藻が関わっているのかもしれない。水質浄化が顕著に進み始めた諏訪湖は、腐泥の増加という新たな問題を抱えるようになった。ただし、この問題は水質浄化が進む過程で一時的に生じたことと、私は考えている。なぜなら、諏訪湖の浄化がさらに進めば、珪藻を含めた藻類全体の量が減るはずである。また、それによって湖水の透明度が上昇して、湖底にも太陽光が届くようになり、湖底付近の藻類が光合成を行って酸素をつくるようになると考えられるからである。

4-3 消えた「ユスリカ大発生」

諏訪湖では、一九九九年になってアオコの大発生が突然なくなった。私はこのとき、諏訪湖の生態系が大きく変化し始めたことを感じた。実際、その頃を境に、様々な生物群集に大きな変化が見られるようになったのである。実は、その生態系の大きな変化の予兆が、アオコの激減の前にあった。ユスリカ成虫の大量発生の消失である。

諏訪湖の湖底には、オオユスリカとアカムシユスリカという、成虫の体長が一㎝に達する大型のユスリカの幼虫が生息している。そのユスリカの成虫が、年に四回（オオユスリカが四月、六月、八月頃の三回、アカムシユスリカが一〇月頃の一回）大量発生を繰り返していた。そのなかでも、秋に発生するアカムシユスリカの発生量は多く、湖畔の建物に大量にとまって、白い壁を黒くした。ところが、そのユスリカの大量発生が、一九九八年の秋になくなったのである。

アカムシユスリカは低温環境を好む種で、春になって暖かくなると、幼虫は水温が低い湖底泥深くに潜って活動を止め（夏眠を始め）、暑い季節をやり過ごす。そして、秋になって湖底の水温が低下すると、夏眠から目覚めて成長を開始し、湖面で羽化して（成虫になって）、岸に向かって飛び立つ。そのユスリカ成虫の発生が、秋になってもほとんど見られなかったのである。その〝異常〟に人々が気付いた当初は、その年の秋の水温の低下が遅れたために発生が遅れていると考えた（図4‐6）。ところが、秋が深まってもユスリカ成虫の発生量は増えなかった。それどころか、翌年の春には、オオユスリカの大量発生もなくなったのである。諏訪湖では、二種のユスリカが、ほぼ同時に発生量を大きく減らしたのである。

長野日報

1998年（平成10年）11月4日 水曜日

下がらなかった諏訪湖の水温

ユスリカ大発生 20日以上遅れる

漁協「ワカサギ小ぶり」頭痛める

■図 4-6　ユスリカ大発生の遅れを伝える新聞記事（『長野日報』1998 年 11 月 4 日付）

信州大学は、諏訪湖の底に生息するユスリカ幼虫を長年にわたって調査している（図4‐7）。その際、ユスリカの採集に採泥器（図4‐8）を用いる。それを湖底に落として一五cm四方の湖底泥を採集し、その泥を船の縁で濾し袋に入れて泥を洗い落とすと、真っ赤な色をしたユスリカ幼虫が現れる（図

■図4-7　諏訪湖の湖底にいるユスリカ幼虫の採集。採泥器でとった泥を枠付きの濾し袋に入れ、泥を洗い落としている

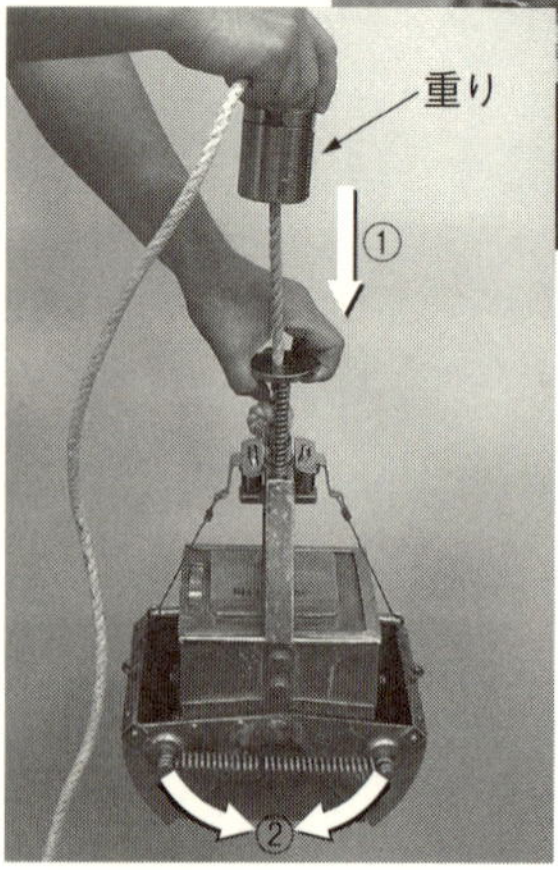

■図4-8　口を開いた採泥器。これを湖底に下ろし、右手で持っている重りを、ロープを伝わせて落とすと（矢印①）、口が閉じて泥をつかみ取るしくみになっている（矢印②）

4-9)。その一回の採集によって採れるユスリカの個体数は、毎夏アオコが大発生していた一九七〇〜一九九〇年には三〇〜四〇個体程度だったが、一九九九年以降は、一個体採れるかどうかという状態が続いているのである。明らかに、湖底に生息するユスリカ幼虫の数は減っている。

では、なぜユスリカが減ったのだろうか。信州大学繊維学部の平林公男氏の調査の結果、湖底表面の有機物量が近年になって減ってきていることが示された。その有機物の多くは湖の表水層から沈んできた植物プランクトン由来のものと考えられることから、湖底の有機物量の減少は、湖水中の植物プランクトンの生産量（増殖量）が減った結果と考えられる。湖底に沈降する植物プランクトンは、そこに生息するユスリカ幼虫の重要な餌となっている。したがって、諏訪湖の植物プランクトン（アオコをつくる藍藻も含む）の減少が、ユスリカの減少の一因になったとみられる。すなわち、諏訪湖の水質浄化の進展が、植物プランクトンを減らし、ユスリカの発生量を減らしたということだ。

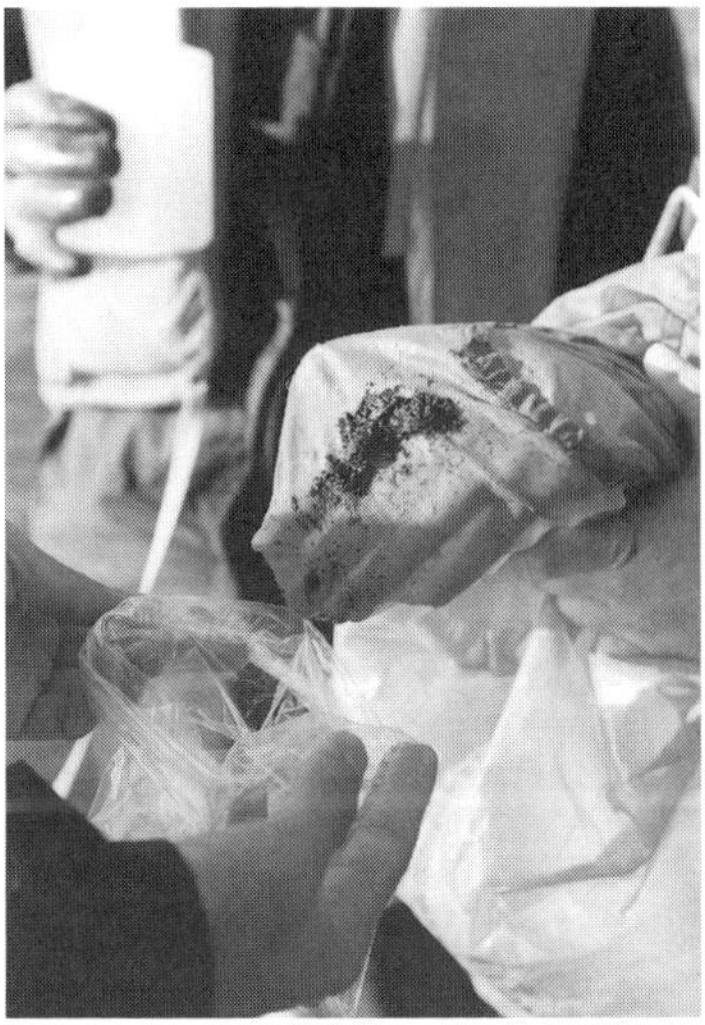

■図 4-9　泥を洗い落とすと、濾し袋のなかからユスリカ幼虫が現れる

諏訪湖では、深刻な水質汚濁問題が生じて以降、ユスリカが大量発生して湖畔の人々を困らせていた。そして、その問題解決のため、ユスリカが好まない色や音の研究、さらには誘《ゆう》蛾《が》灯《とう》

の設置など、様々な対策が講じられたが、顕著な成果は得られなかった。結局、ユスリカ問題の解決は、時間はかかるが、諏訪湖を浄化することが最も効果的で確実な方法だったと言えるだろう。

ただし、諏訪湖でのユスリカの減少は、すべての人に歓迎されたわけではなかった。それを困るという人が出てきたのである。それは漁業関係者だ（図4-6）。ユスリカはワカサギの重要な餌となっていることから、ユスリカの減少はワカサギの成長悪化につながった。

環境問題には、このような「あちら立てればこちら立たず」が付随するのである。

4-4 ワカサギの成長が悪化

前項では、一九九八年の秋以降、諏訪湖でのユスリカの大発生がなくなり、それには湖の水質浄化が関わっている可能性を指摘した。そして、そのユスリカの発生量の減少が、ワカサギの成長悪化につながったことを述べた。もしこれが正しければ、諏訪湖の水質浄化がワカサギの成長に悪影響を与えたことになる。

このように言うと驚く人がいるのではないだろうか。なぜなら、「魚がたくさん棲めるようなきれいな湖にしましょう」というキャッチフレーズが、湖の水質浄化を推進するために頻繁に使われているからである。つまり、多くの人は、水質を浄化すると魚が増えると考えているように思われるからである。ところが、生態系における食物連鎖とそれによるエネルギーの流れを考えると、このキャッチフレーズは誤りであることが理解できる。

生態系は無数の生物によってつくられている。その生物たちが生きていくにはエネルギーが必要である。彼らのエネルギーの元は何か。それは太陽から届けられる光エネルギーである。しかし、人も含めた動物たちは、いくら太陽の日を浴びていてもエネルギーを得ることはできない。それができるのは植物である。植物は太陽エネルギーを利用した光合成によって有機物（植物体）をつくっている。それにより、太陽の光エネルギーが化学エネルギーに変えられて植物体に蓄えられるのである。

その植物を草食動物（例えばシマウマ）が食べる（図4-10）。これによって、初めて動物は太陽に起源したエネルギーを得ることができるのである。そして、その草食動物が肉食動物（例えばライオン）に食べられることで、エネルギーは他の動物にも運ばれていく。このような、生物たちの食う―食われる関係によるつながりを「食物連鎖」と呼んでいる。このつながりを介して、太陽エネルギーが様々な生物たちに届けられているのである。

食物連鎖は湖の生態系のなかにもある。まず、光合成を行って太陽エネルギーを取り込んでいる生物は植物プランクトンである（図4-10）。汚れた諏訪湖の水面を緑色に染めたアオコも植物プランクトンだ。そして、植物プランクトンは、主にミジンコなどの動物プランクトン（植食動物）に食べられる。次に、ミジンコはワカサギなどの魚の餌となる。諏訪湖では、こうして植物プランクトンからワカサ

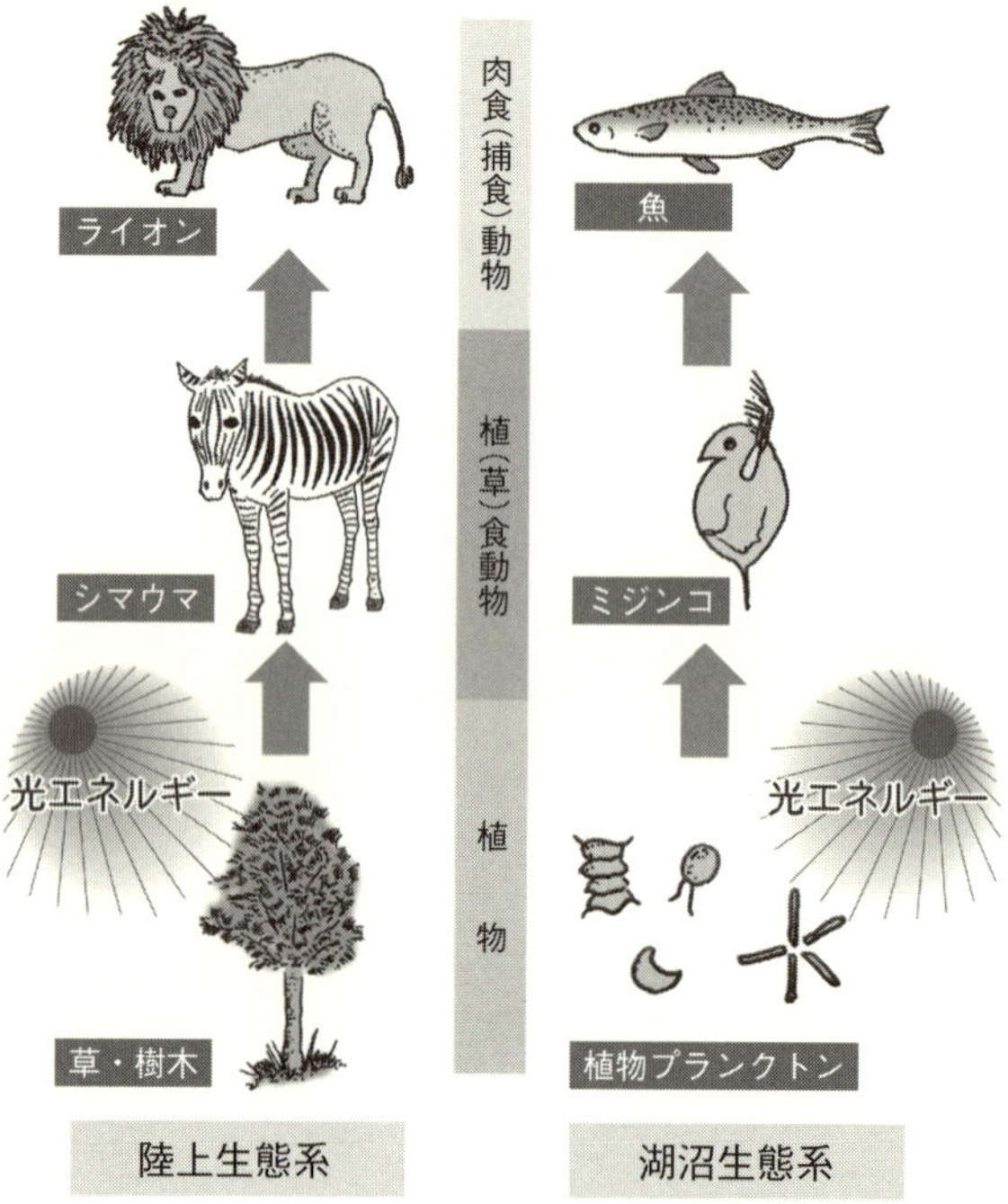

■図 4-10　陸上生態系と湖沼生態系における食物連鎖の例

ギにまで食物連鎖がつながっているのである。すると、諏訪湖の植物プランクトンが太陽エネルギーをたくさん取り込んで増殖すると、それはワカサギを増やすことになるのだ。

　ただし、植物プランクトンは太陽光を与えられただけでは増殖できない。植物体をつくる材料（物質）が必要だからだ。その材料のなかで不足しやすいのが窒素とリンである。すると、これらの物質が十分にあれば、植物プランクトンは豊富な太陽エネルギーを得て大量に増える。これは、富栄養湖の状況を表している。

　したがって、水質汚濁問題を抱

長野日報
3季連続禁漁へ
漁獲不振で漁協
カワアイサの食性調査

長野日報
諏訪湖のワカサギ
全面禁漁 1月から
12月中は曜日指定に緩和

長野日報
諏訪湖のワカサギ
2－3月 全面禁漁
1月16－31日 釣り土日解禁

■図 4-11　ワカサギの採卵不振のため、禁漁期間を設けたことを伝える新聞記事

■図 4-12　諏訪湖でワカサギ釣りを楽しむ人々。水質浄化がさらに進むと、釣り人の数が減るかもしれない

えているような富栄養湖では、植物プランクトンの増殖が盛んであり、そのため魚がたくさん棲んでいるということになる。すると、湖水中の窒素やリンの濃度を下げて水質を浄化させるという行為は、植物プランクトンを減らし、魚を減らすことになるのだ。

諏訪湖では、近年になってワカサギが不漁になることが多く、漁業関係者が頭を悩ませている（図4-11）。諏訪湖でワカサギが減ったことの原因として、小魚を餌食《えじき》にする魚食魚ブラックバスの増加や魚を食べるカワウやカワアイサなどの鳥の飛来数の増加が指摘されている。しかし、私は、最も大きな原因は、諏訪湖の水質浄化と考えている。

同様のことは他の湖でも生じている。北海道にある阿寒湖《あかんこ》は、国の特別天然記念物のマリモが生息することで有名だ。そのマリモは植物プランクトンと同じ藻類で、浅い湖底で太陽光を受けて生きている。ところが、近年になって阿寒湖の水質汚濁が進み、透明度が低下した。そのため、湖底にいるマリモに十分な太陽光が届かなくなり、マリモの生育に悪影響が生じることが懸念された。そこで、マリモを保護するために下水処理場をつくって水質浄化を図った。するとワカサギの漁獲量が減ってしまったというのである（北海道新聞、一九九七年一一月二六日付）。

水質浄化は必ずしも我々によいことばかりを与えない（図4-12）。また、水質汚濁は必ずしも我々に悪いことばかりを与えないのである。

4-5 「アオコで魚が酸欠」は誤解

前項では、最近の諏訪湖でのワカサギ漁不振の主な原因が、水質浄化の進展にあるという考えを述べた。そして、「魚がたくさん棲めるようなきれいな湖にしましょう」という、浄化のためのキャッチフレーズは誤りだとした。そこで、そのようなキャッチフレーズが多くの人々に受け入れられてき

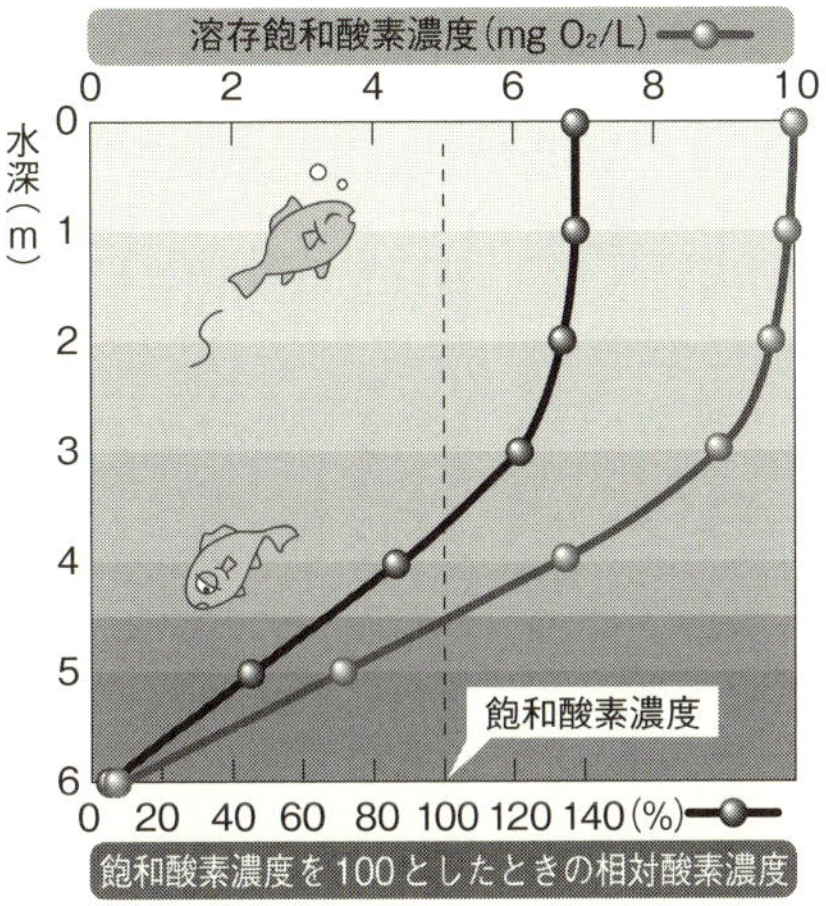

■図4-13　夏の諏訪湖水中の溶存酸素濃度(mgO_2/L)と飽和酸素濃度(%)の鉛直分布
飽和酸素濃度は、純水を十分にエアレーションしたときの水中の酸素濃度であり、水温や標高(気圧)に応じて変化する。図中の飽和酸素濃度は、諏訪湖の標高と調査時の水温で補正されている。魚は溶存酸素濃度5mgO_2/L以下の水域(暗い色の水深)を避け、3mgO_2/L以下では死亡する

た理由について考えてみる。

水質汚濁問題を抱えた湖では、アオコが発生する晩春に、死んだ魚が岸辺に浮いていることがある。あるとき、その様子を撮った写真が掲載されている冊子を見た。そして、そこには「湖が汚れたために酸欠で死んだ魚」といった説明が付けられていた。これは本当だろうか。

私は、湖の魚は酸素欠乏で死ぬことはほとんどないと思っている。なぜなら、水質を汚濁させる原因となるものが、アオコ、すなわち大量に発生した植物プランクトンだからである。その植物プランクトンは、光合成によって盛んに酸素をつくっている生物なのだ。アオコが発生している諏訪湖では、太陽光が届く表水層の水に溶けている酸素の濃度は、飽和酸素濃度よりも高い（図4-13）。つまり、湖水中にはあり余るほどの酸素があるのだ。ただし、光が届かない底層では、有機物を活発に分解しているバクテリアによって酸素が消費され、溶存酸素濃度が著しく低くなる。しかし、遊

泳能力に優れる魚は容易にその場から逃れることができるはずだ。

では、なぜ春に魚が浮くことがあるのだろうか。その理由は定かではないが、この季節は多くの魚が産卵をする時期なので、産卵で体力を使って衰えた魚が、病原菌に感染した可能性があると私は考えている。

ここで一つの考えが浮かんだ。「汚れた湖では魚が酸欠で死ぬ」という話は、室内の水槽で飼われている魚の観察から生まれたものではないだろうか。

通常、水槽には浄化装置を設置し、水をエアレーションする（図4-14）。それをしないと、そのうちに魚が食べ残した餌や魚自身の糞によって水が汚れ、ついには魚が腹を上にして浮き出す。これは、餌や糞を分解するバクテリアによって、水中の酸素が消費されてしまったからである。多くの人は、この現象を、汚濁した湖の環境と魚の関係に当てはめているのだろう。

ところが、この水槽のなかの環境は、湖の環境とは大きく異なる。最も大きな違いは、水槽を照らすものが蛍光灯などであるのに対し、湖は強い太陽光にさらされているということだ。湖では、その太陽光を利用して植物プランクトンが盛んに酸素をつくっているのである。一方、室内の水槽には植物プランクトンはいない。たとえいたとしても、蛍光灯の光は頼りなく、十分な光合成はできない。すなわち、魚が自然界で生きていくには太陽が必要なのである。そのことは、次の実験で確かめることができる。

まず、魚を飼っている水槽から浄化装置を取り外し、エアレーションもやめる。そして、その水槽

■図 4-14　室内で魚を飼うときには、魚が酸素欠乏で死なないように、水槽に浄化装置を設置し、エアレーションをする。すると、水質が汚濁した湖でも同様に、魚のためにエアレーションをしなければならないのだろうか？

を日当たりのよい窓辺に置く。その際、池や湖からわずかな水（五〇〜一〇〇ミリリットル程度）を採ってきて水槽に入れる。これは、〝たね〟となる植物プランクトンを入れるためである。あとは通常のように、必要に応じて市販の餌を魚に与えればよい。

　すると、当初は透明だった水が、緑色を呈するようになり、その色が日に日に濃くなっていく。これは、水中の植物プランクトンが増えていることを示している。魚が糞とともに水中に排出する窒素やリンと太陽光を得て、植物プランクトンが増殖したのである。実験開始から一〜二週間もすると、魚の姿が見えにくくなるほど水が緑色に濁る（図4-15）。この濁った水は汚濁した湖水と同じだ。し

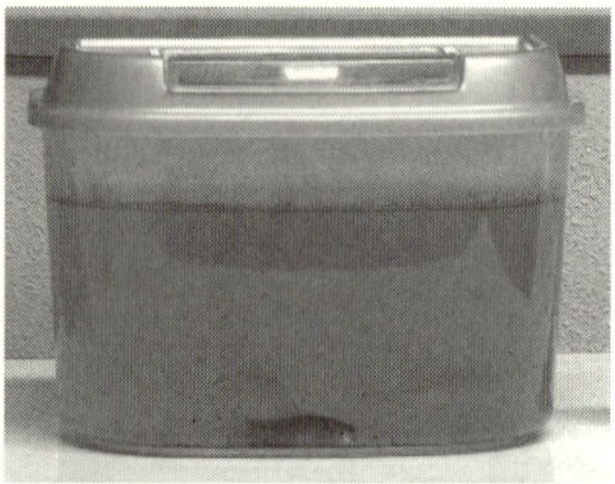

■図 4-15　太陽光がよく当たる場所に置いた水槽。水道水に池の水 100mL を入れ、そこにモツゴ3個体を加え、浄化装置を付けずに、市販の餌だけを与えて8日経過したときの写真。水は緑色に濁り、魚の姿が見えにくくなった。しかし、魚は酸素欠乏で死んではいない

かしながら、その〝水槽の濁った水〟のなかでも、魚は酸欠状態にはならず元気にしている。なぜなら、水槽のなかの植物プランクトンが酸素をつくっているからだ。

もう一つ、湖の魚が酸欠で死ぬという誤解を生む要因として、川で見られる現象を、湖のものと混同していることがあるだろう。水が流れる川には植物プランクトンが少ないので、水中の窒素やリンの濃度が高くても水は濁らない。川の汚濁は、主に直接流入してきた有機物（生活排水、有機物を含む土砂等）によってつくられる。そして、それが流れの遅いところ（特に下流域）で分解され、酸素濃度が低下して魚が死ぬのである。水が流れる川とよどんでいる湖では環境が大きく異なるのである。

4-6 六〇年前は「水がきれい」は誤認

最近、諏訪湖の水質浄化が目に見えて進んできた。ところが、その浄化がワカサギの漁獲量を減ら

す要因になっている。私がこのような話をすると、「昔の諏訪湖は水がきれいで、魚がたくさん獲れた」という話を、年輩の方からいただくことがある。その話は本当なのだろうか。

そこで、年輩の方が言われた「昔」を、アオコの発生が大きな問題になる前の一九五〇年代として考えてみる。諏訪湖のワカサギの、一九五〇年以後の漁獲量の変化を図4‐16に示す。一九五〇年は、戦後の高度経済成長が始まらんとしていた時で、ワカサギの漁獲量はおよそ一〇〇トンだった。その数字は、その後年々大きくなり、一九七〇年代には三〇〇トンにまで達した。ところが、一九八〇年代に入ると、一転して漁獲量が減り始め、今日に至るまで減少傾向が続いている。

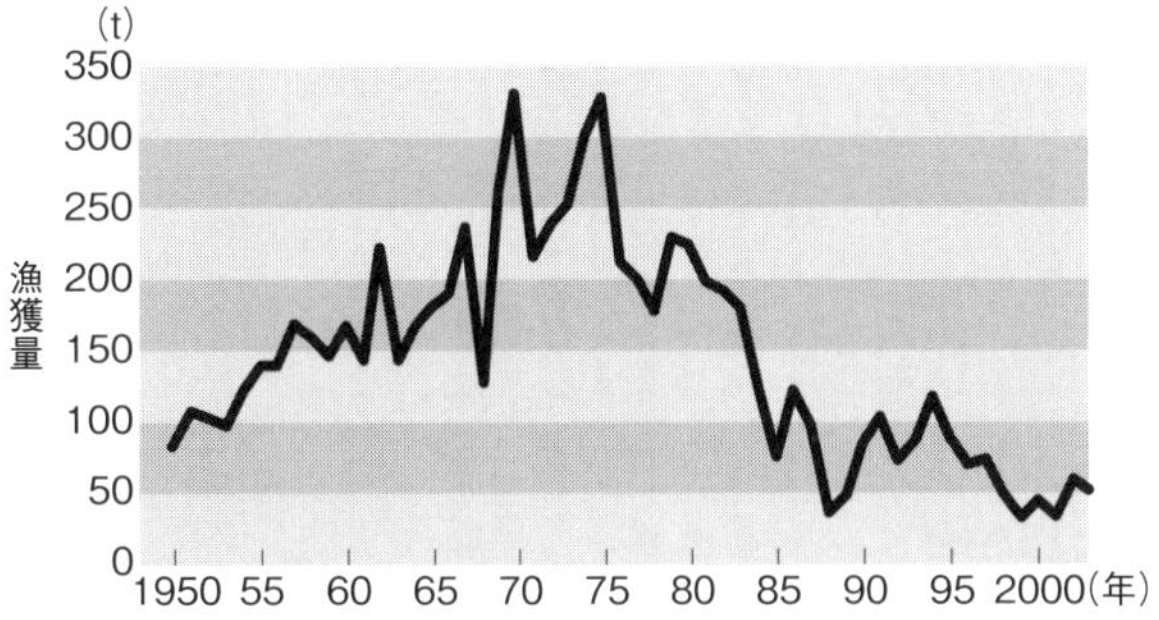

■図4-16　1950～2003年の諏訪湖におけるワカサギ漁獲量の変遷。出典：武居（2005）

図4‐16を見ると、まだ顕著なアオコが発生していなかった一九五〇年代は、決して漁獲量が多くはなかったことがわかる。それどころか、漁獲量がピークになったのは、アオコが最も大量に発生していた一九七〇年代である。このことは、湖の水質汚濁が進むと魚が増えることを示している。

また、漁獲量が減り始めた時期は、水質浄化対策として下水処理場がつくられ、稼働が始まったとき（一九七九年）とおよそ一致している。この現象は、水質が浄化されると魚が減るという話とよく合う。そうすると、「昔は水がきれいで魚がたくさん獲れた」というのは、年輩の方の勘違いだったと言えそうだ。では、なぜ勘違いをされたのだろう。それについて考えてみる。

まず、ワカサギの漁獲量が一〇〇トン程度だった一九五〇年頃に、ワカサギがたくさん獲れていたという記憶は次のように説明できるだろう。

一九五〇年当時は、ワカサギの漁獲量は一〇〇トン程度が普通だった（図4-17）。そして、その漁獲量に見合った漁業活動が行われ、水揚げされた魚の流通システムとそれに従事する人の数もまた、その漁獲量に見合ったものだっただろう。すると、ワカサギ漁に関わる人々は特に問題を感じていなかった。いや、むしろ漁獲量は年々増えていたので、幸せに思っていたのではなかろうか（図4-16）。それが「魚がたくさん獲れた」という記憶になったのだろう。

では、なぜその頃はアオコの大量発生がなかったのに（湖水が比較的きれいだったのに）、漁獲量が増えていたのだろう。私は、その疑問を解く鍵が、生態系のレジームシフトにあると考えた。

レジームシフトは、生態系の構造があるとき突然大きく変わる現象を表したことばである。諏訪湖では、一九七九年以後、効率的な浄化対策が進められたが、アオコの発生に特徴づけられる生態系構造は変わらなかった。ところが、一九九九年に突然アオコが激減し、生物群集が大きく変わった（図4-18）。このとき、レジームシフトが起きたと言える。それならば、この現象と反対のレジームシフトが、アオコが大発生した一九六〇年代に起きたと考えてもよいだろう。

一九五〇年代は、日本の経済活動が活発になっていったにもかかわらず、排水規制がなかったため、

■図 4-17　諏訪湖畔から舟を出す漁師の姿を、1950 年頃に撮った写真。アオコの発生がない諏訪湖で漁業が行われていた（写真提供：平林英也）

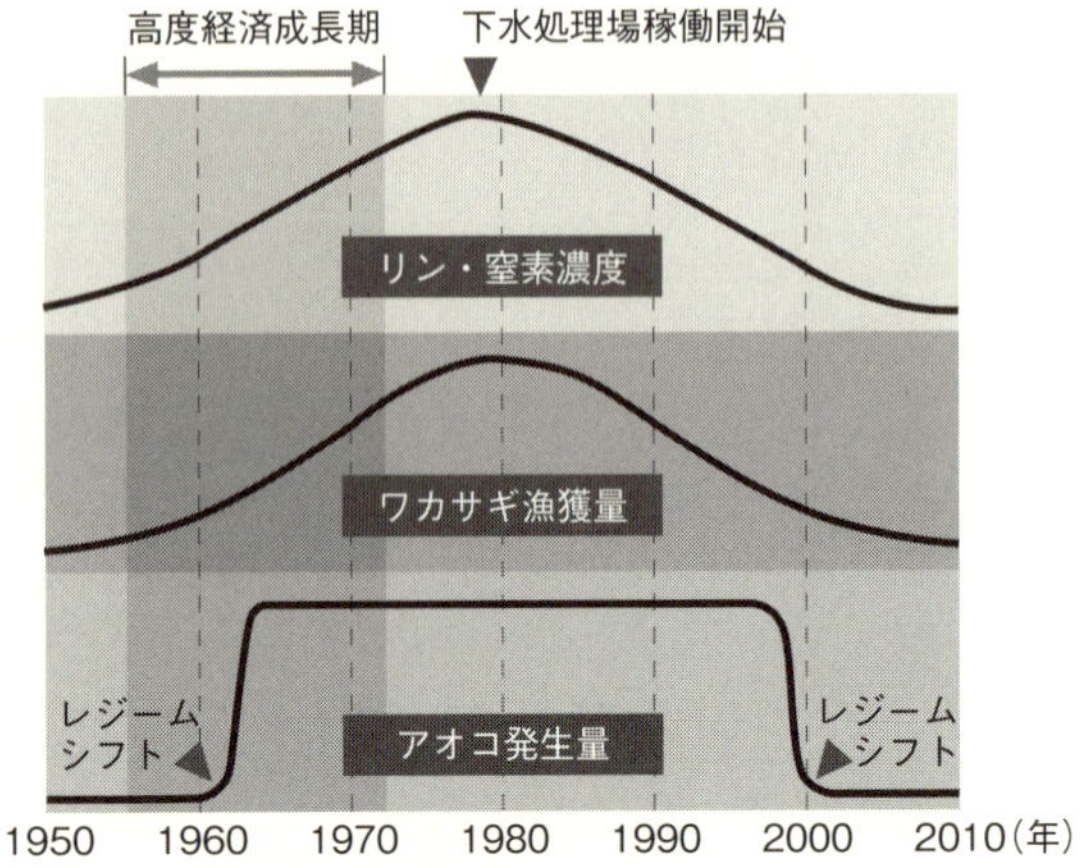

■図4-18　1950年以後の諏訪湖における、湖水中のリン・窒素濃度、ワカサギの漁獲量、およびアオコの発生量の変遷を示した模式図。1960年代と1999年には、レジームシフトによってアオコの発生量が大きく変化したと考えた

リンや窒素を多く含む排水が大量に諏訪湖に流れ込んでいた。すると、諏訪湖の富栄養化は急速に進んでいたはずだ（図4-18）。それは植物プランクトンの増殖速度を上げ、食物連鎖を介して魚の増殖も促した。しかし、そのときの生態系は、まだアオコが発生しにくい状態を維持していた。ところが、一九六〇年代になって、リンや窒素の濃度がある閾値を超えたとき、生態系を維持しているバランスが変わり、アオコが突然大発生した。

　すなわち、一九五〇年頃は、増加していた湖水中のリンや窒素が植物プランクトンをはじめ、湖の多くの生物の生産量（増殖速度）を増加させ、魚も増えていた。ところが、その頃はまだ顕著なアオコが発生していなかった（レジームシフトが起きる前だった）ため、湖水はきれいだと認識されていた、というのが私の考えである。

　アオコが発生しているということは、それをつくる藍藻が大量に存在する（現存量が多い）ということで、漁獲量は毎年増えた分の魚を捕獲した量なので、魚の生産量に相当する。生態系と人間活動との関わりを考えるときには、この現存量と生産量を分けて考えることが必要である。

4-7 富栄養湖の食物連鎖ではエネルギーが停滞

ここで、ある生物種の個体群（ある地域の同種の生物個体の集まり）を考えてみる。現存量は、ある時点に存在している生物の量である（図4-19）。具体的には、すべての生物個体の重量を合計したもので表すことが多い。

ところが、現存量は時間とともに変化する。例えば、それぞれの個体は餌を食べて成長し体重を増す。また、子どもが生まれて個体数が増える。このことによって現存量は増える。この現存量の増加分は、その個体群によって生産された生物量である。したがって、ある一定時間の現存量の増加分を、個体群の一定時間当たりの（例えば一年間の）生産量と呼ぶ（図4-19のA）。ただし、野生生物ならばその時間内に病気になって、または捕食者に食われて死んだものがいるはずだ。その死んだ個体も、死ぬときまでは成長していたので、個体群の生産量の算出に加えなければならない（図4-19のB）。

さて、ここで湖に棲む、ある魚種のことを考えてみよう。もし、この魚種が漁業の対象となっていたなら、毎年多くの個体が人間によって捕獲されている。恐らく、この捕獲が魚の死亡要因のほとん

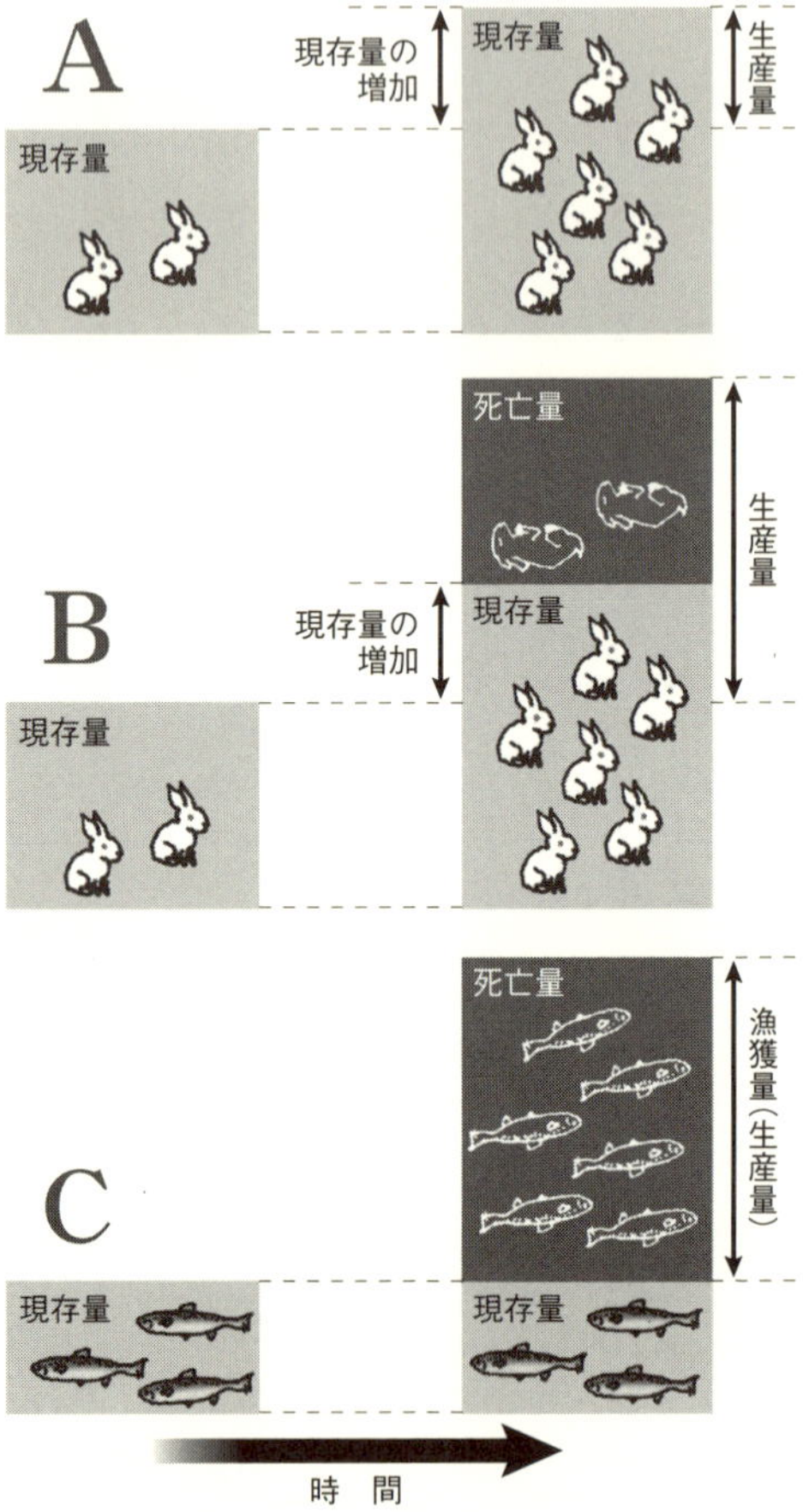

■図4-19　生物個体群の現存量と生産量
A：ある生物種個体群の生産量は、一定時間に増加した現存量
B：個体群内で死亡があった場合は、現存量の増加に死亡量を加えたものが生産量となる
C：湖で漁業対象となっている魚の個体群の場合、現存量はおよそ一定に保たれており、死亡量がほぼ漁獲量に匹敵すると考えられる。すると、漁獲量は個体群の生産量に等しくなる

どを占めているだろう（図4-19のC）。一般に、漁業者は魚がたくさんいればたくさん獲るが、魚が減ると漁獲効率が下がるので魚を獲るのをやめるだろう。すると、湖水中の魚の現存量は、年によってある程度の変動があるが、およそ一定の値が維持されると考えられる（図4-19のC）。そうなると、個体群の死亡量、すなわち漁獲量がほぼ生産量に相当することになる（図4-20）。

そうなると、漁獲量は、湖の富栄養度（湖水中の全窒素・全リン濃度とする）の変化に敏感に反応

■図 4-20　漁獲量は湖の魚の個体群の生産量を表していると考えられる。そのため、湖の富栄養化が進めば、漁獲量は増える

することになるだろう。なぜなら、湖の全窒素や全リンの濃度が上昇すると、植物プランクトンの生産量が増え、それがミジンコなどの動物プランクトンの生産量増加を促し、その結果、魚の生産量が上昇するからである。

一方、アオコの発生量は、湖の富栄養度の変化に常に連動しているわけではなく、あるとき突然大きく増加、または減少することがある。この現象を、私は〝レジームシフト〟と呼んだ。アオコの発生量は、それをつくる藍藻の現存量を表しており、それは必ずしも植物プランクトンの生産量を反映しない。

例えば、富栄養化があまり進んでいない湖では、ミジンコにとって食べやすい小型の植物プランクトンが多い。その湖の窒素とリンの濃度が少し上昇すると（少し富栄養化すると）、植物プランクトンの増殖速度が増す（生産量が増す）。ところが、増えた植物プランクトンをミジンコがどんどん食べてしまうので、植物プランクトンの現存量は増えない、ということがある（図4‐21のA）。この場合、植物プランクトンが増えないので、湖は富栄養化していないように見える。ところが、実際には植物プランクトンの生産量が増加し、それが魚の生産量（漁獲量）を増やすことになる。

もし、この湖の富栄養化がさらに進むと、植物プランクトンがより多くのエネルギーを得ることができるようになる。すると、そのエネルギーの一部を用いて、天敵であるミジンコに食われないように大きな群体をつくるものが出てくる。これがアオコをつくる藍藻である。そうなると、藍藻が持っているエネルギーは直接にはミジンコに運ばれなくなる（図4‐21のB）。ただし、それでも藍藻から魚までの食物連鎖はつくられる。それは、大量に増えた藍藻が、死んでからバクテリアに食べられ（分解され）、そのバクテリアをミジンコが食べる。そして、ミジンコが魚の餌になるのである。

この、大量に増えた藍藻がすぐにはミジンコに食べられないということは、食物連鎖の途中（藍藻のところ）で、エネルギーが滞ることになる。これは、藍藻が大きな現存量を維持している状態であり、すなわちアオコが発生している状況を表しているのだ。したがって、アオコが発生していない湖では、漁獲量が比較的多いが、植物プランクトンの現存量が比較的少ない（水がきれい）という現象が見られるのである。それが、一九五〇年代頃の諏訪湖だったのではないだろうか。

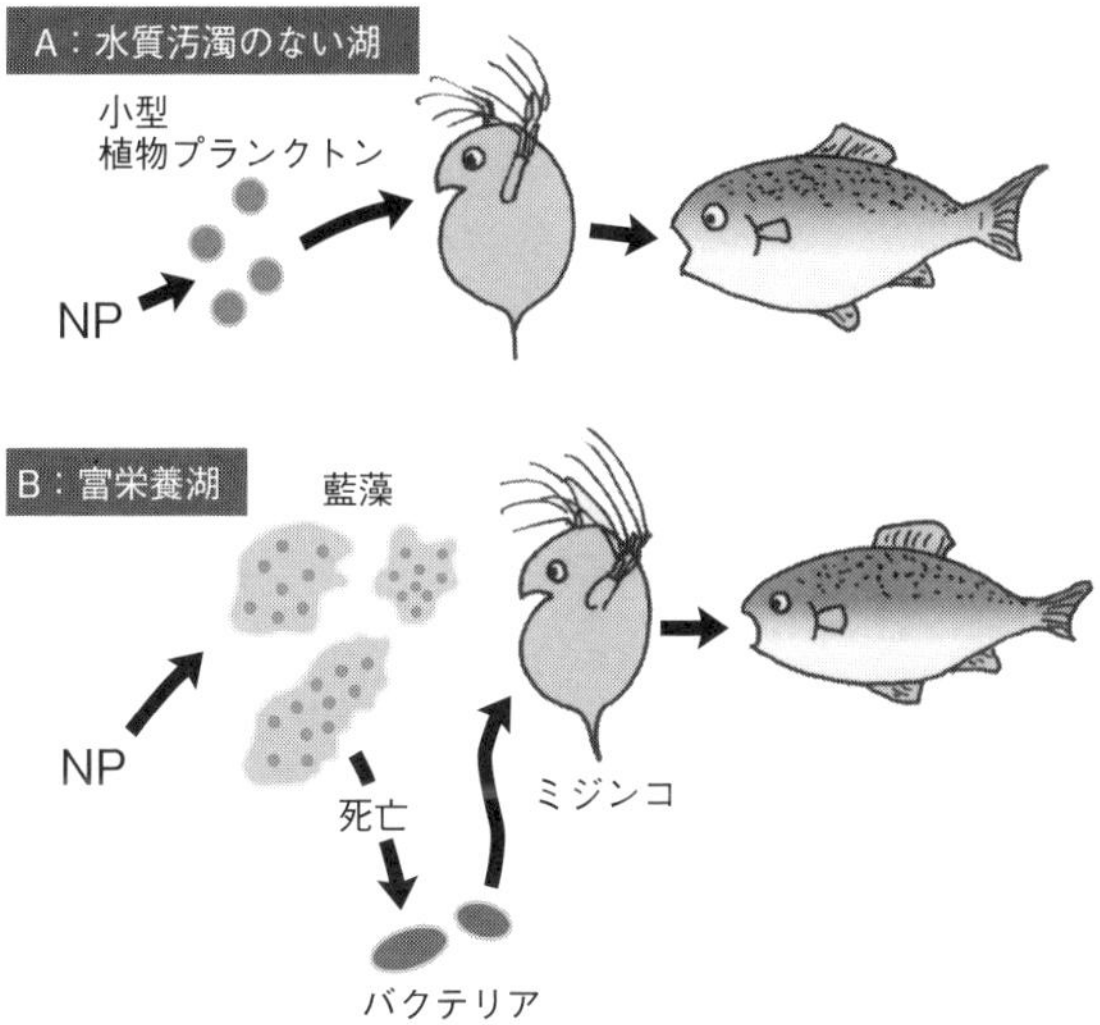

■図 4-21　湖水中の食物連鎖。水質汚濁のない比較的きれいな湖(A)では、優占する小型植物プランクトンが効率よくミジンコに食べられるので、湖がある程度富栄養化しても植物プランクトンの現存量はあまり増えない。一方、富栄養化が進んだ湖(B)では、植物プランクトンは捕食者に食べられないように群体をつくるので、食物連鎖を介して流れるエネルギーが植物プランクトンのところで滞り、植物プランクトンの現存量が多くなる

4-8 諏訪湖の水質が天竜川のざざ虫の生態に影響

以前、アオコが大発生している諏訪湖の航空写真を見て驚いたことがある。諏訪湖全体が緑色に染まっており、まるで草原を写しているようだった。また、釜口水門から緑の帯が伸びているさまにも驚いた。諏訪湖のアオコが天竜川に流れ出ていたのである。このことは、諏訪湖の水質汚濁が、天竜川にも影響を与えていることを端的に示している。

第3章第5項で述べたが、水がよどんでいる湖と流れている川では、生物群集が大きく異なる。湖の群集ではプランクトンが中心だが、川の主役は付着藻類や水生昆虫だ。また、両者の間では、水中の窒素やリンを利用して有機物（植物体）をつくる効率が異なることも述べた。すなわち、湖では水のなか全体に分布している植物プランクトンが、水中の窒素やリンを効率よく摂取して増殖しているのに対し、川では水面近くの水のなかの窒素やリンは利用されず、付着藻類のそばを流れてきた水のなかのものだけが藻類に取り込まれるので、効率が悪い。

そうであるなら、たとえ諏訪湖と天竜川の水が同量の窒素やリンを含んでいたとしても、諏訪湖では天竜川よりもずっと多くの有機物が生産されることになる。そして、その有機物（特に植物プランクトン）は湖水とともに天竜川に流れ出す。これは、天竜川の有機物量を増やし、そこの水質や生物群集に影響を与えるに違いない。

先に述べたように、川に生息する主要な動物は水生昆虫である。代表的なものに、カゲロウ、カワゲラ、トビケラ、ヘビトンボなどの仲間がいる。ただし、それらの食性は様々である。例えば、上流域では、河畔《かはん》に生える樹木の落葉が川に入り込むことが多く、それをかみ砕いて食べるものがいる。カクツツトビケラがその例である。一方、カゲロウの仲間は、石の上の付着藻類をそぎ取って食べている。また、ヒゲナガカワトビケラ（図4-22）は、水中で、クモのように糸をはいて網をつくる（図4-23）。この昆虫は、水中を流れてきた有機物の粒子を網で集め、それを餌にしている。さらに、ヘビトンボは、他の水生昆虫を食べる捕食者だ。

さて、天竜川の生物群集だが、その水生昆虫相には大きな特徴がある。ヒゲナガカワトビケラが圧倒的に多いのだ。信州大学の片上幸美氏らが一九九九年～二〇〇〇年に行った調査では、その現存量は、一㎡当たり一〇〇〇個体を超えていた。これは、他の国内河川のトビケラの現存量と比べると、非常に多いと聞いている。

■図4-22　天竜川上流域の水生昆虫群集で優占しているヒゲナガカワトビケラ（写真提供：朴虎東）

では、なぜ天竜川にはヒゲナガカワトビケラが多いのだろうか。ヒゲナガカワトビケラの餌は水中を流れる有機物の粒子である。一般的に、川を流れ下る有機物の粒子の多くは、その上流にいる水生昆虫が食べ損なった餌である。例えば、カクツツトビケラが河床にたまった落ち葉をかみ砕くと、砕かれた葉の一部が食べられずに川を流れ下る。同様のことが、カゲロウが石の表面に付着している藻類をそぎ取るときにも生じる。つまり、昆虫たちが餌を食べるときに〝おこぼれ〟が生まれるのである。そして、それが下流に張られている網に引っかかり、ヒゲナガカワトビケラの餌になるのだ。

しかし、天竜川の状況は一般の川と大きく異なる。それは、上流に富栄養化した諏訪湖があり、先ほど述べたように、そこから大量の植物プランクトンが天竜川に流れ出ているということだ。すると、そのプランクトンは、天竜川を流れる有機物の粒子となり、水中に張られたヒゲナガカワトビケラの網につかまえられるのである。これによりこのトビケラは、大量の餌にありつけることになる。これが、天竜川にヒゲナガカワトビケラが多く棲んでいる理由だろう。

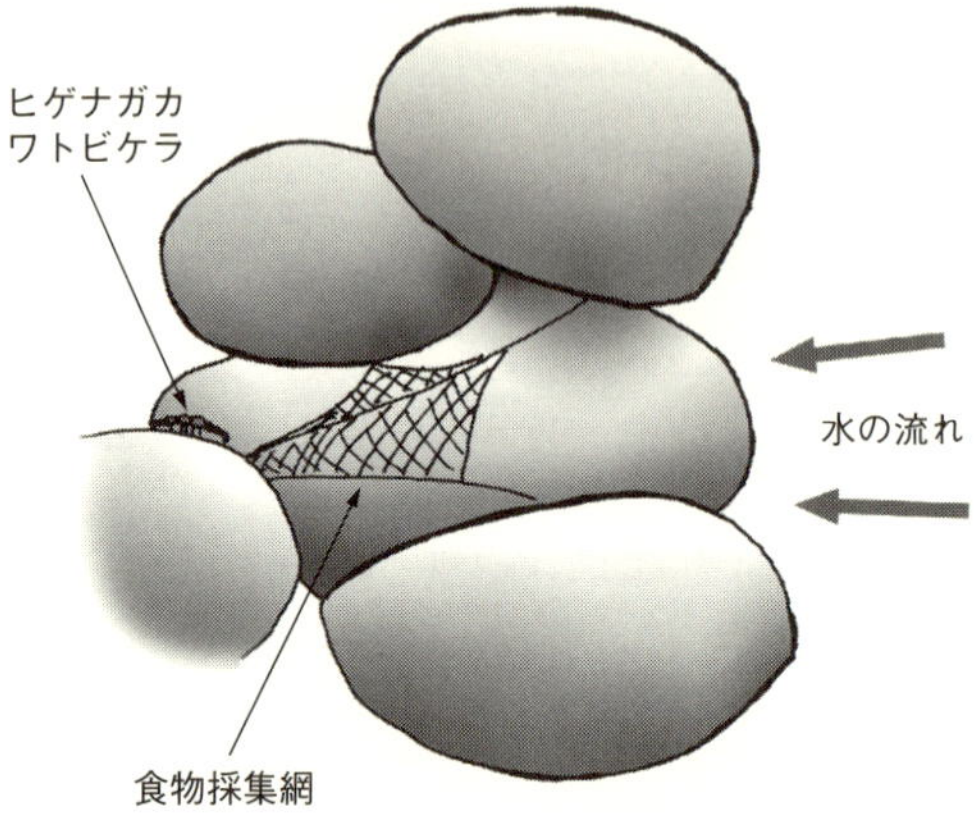

■図4-23 ヒゲナガカワトビケラが水中に張った網（模式図）

ところで、天竜川上流地域では、水生昆虫（特に、トビケラ、カワゲラ、ヘビトンボ）を〝ざざ虫〟と呼び、それを佃煮《つくだに》にして食べる食文化がある。そのため、ざざ虫漁が行われている（図4-24）。近年では、ヒゲナガカワトビケラがざざ虫の多くを占めている。これは諏訪湖の影響を受けた結果だろう。すると、天竜川の水を緑に染めた諏訪湖が、ざざ虫漁を支えていたと言うことができるだろう。ところが、今、諏訪湖では水質浄化が進み、植物プランクトン量が減っている。するとこれは天竜川のざざ虫の現存量を減らすことになるだろう。良かれ悪しかれ、天竜川は諏訪湖の影響を受けているのである。

■図 4-24　水生昆虫の体が最も大きくなる冬に行われるざざ虫漁。ざざ虫の種類組成と現存量は、諏訪湖の影響を受けている

4-9 湖面を覆うヒシ大群落

諏訪湖畔に終末処理場がつくられてから二〇年目の一九九九年、諏訪湖のアオコが突然大きく減少した。それとほぼ同時に、またはそれに続いて、様々な生物群集に変化が見られるようになった。例えば、ユスリカの大発生の消失、ワカサギの漁獲量の低下。しかし、生物群集の変化はこれだけではなかった。

その一つが、ヒシの大発生である。ヒシは浮葉植物で、春に湖底にある種子から芽を出し、茎を水面にまで伸ばして葉を広げる。生育によい条件が揃うと、次から次へとバラの花の形に似た葉を増やし（図4-25）、湖面を覆ってしまう（図4-26）。

諏訪湖では、アオコが発生していた一九七〇〜一九九〇年代には水草はほとんど見られなかった。しかし、アオコが減ると、その後三〜四年でヒシが湖面の広い範囲で葉を展開するようになった。当初は水草の増加が好ましいことと思われたが、その後、それが大きな問題になったのである。ヒシの茎が丈夫なので、それが船のスクリューに絡まって、船が立ち往生することが多くなったのだ。また、湖面がヒシに覆われる景観が好まれなくなった。

では、なぜヒシがこれほどまでに増えたのだろうか。

■図 4-25　ロゼット状の（バラの花の形に似た）葉を湖面に浮かべるヒシ

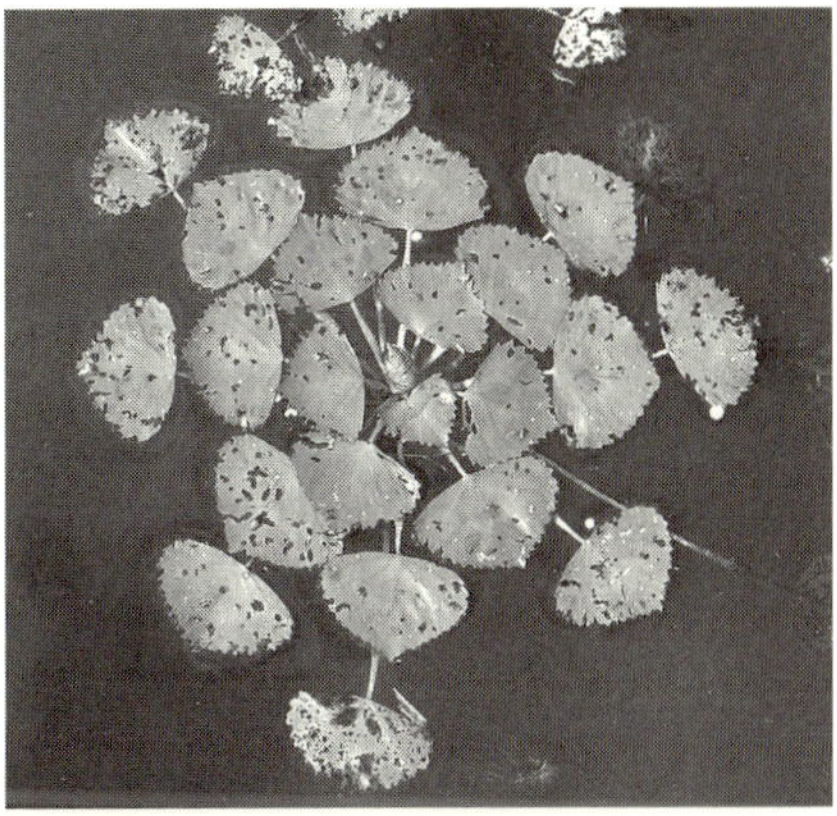

■図 4-26　諏訪湖の水質浄化に伴って沿岸域を広く覆うようになったヒシ。新たな環境問題を起こした

最も大きな要因は、透明度の上昇だろう。水草は秋に枯れ、湖底に種子、地下茎、殖芽（植物体の一部が形態的・生理的に変化したもので、機能は種子に似る）を残して越冬する。そして、春になると、それらが新しい芽を出して成長を始める。ただし、その際に太陽光を必要とするのである。そのため、湖にアオコが発生すると、浅い沿岸域でも太陽光が湖底に届かなくなるので水草は成長できない。一九九九年以前の諏訪湖はそのような状態だった。ところが、その後、アオコが減ったために透明度が急上昇した。それがヒシの成長を可能にしたのである。ただし、これだけではヒシの繁茂は説明できない。なぜなら、透明度の上昇は他の水草の成長も促すからである。

およそ一〇〇年前の諏訪湖では、水草が広い面積を覆っていた。ところが、そのときには、ホザキノフサモやクロモなどの沈水植物が多く、ヒシはなかった（四六ページの図1-26を参照）。ヒシは、その後になって限られた場所で見られるようになったが、今のような大群落にはならなかった。では、なぜ今、ヒシが諏訪湖で優占するようになったのだろうか。

諏訪湖のなかでヒシが広く分布している場所を調べてみると、水がよどみやすい所が多いことに気づく。そこは、よどむために湖底にヘドロ（有機汚泥）が溜まりやすい。実は、ヒシはヘドロの底質を好む植物なのだ。これに対して、沈水植物の多くは砂地に分布する。

これらのことから考えると、昔は沈水植物が多く繁茂していた諏訪湖で、近年になってヒシが増えたことの理由を次のように説明できるだろう（図4-27）。

まず、昔の諏訪湖では、水が澄んでいて透明度が高く、湖底は砂に覆われていた。そのため、そこ

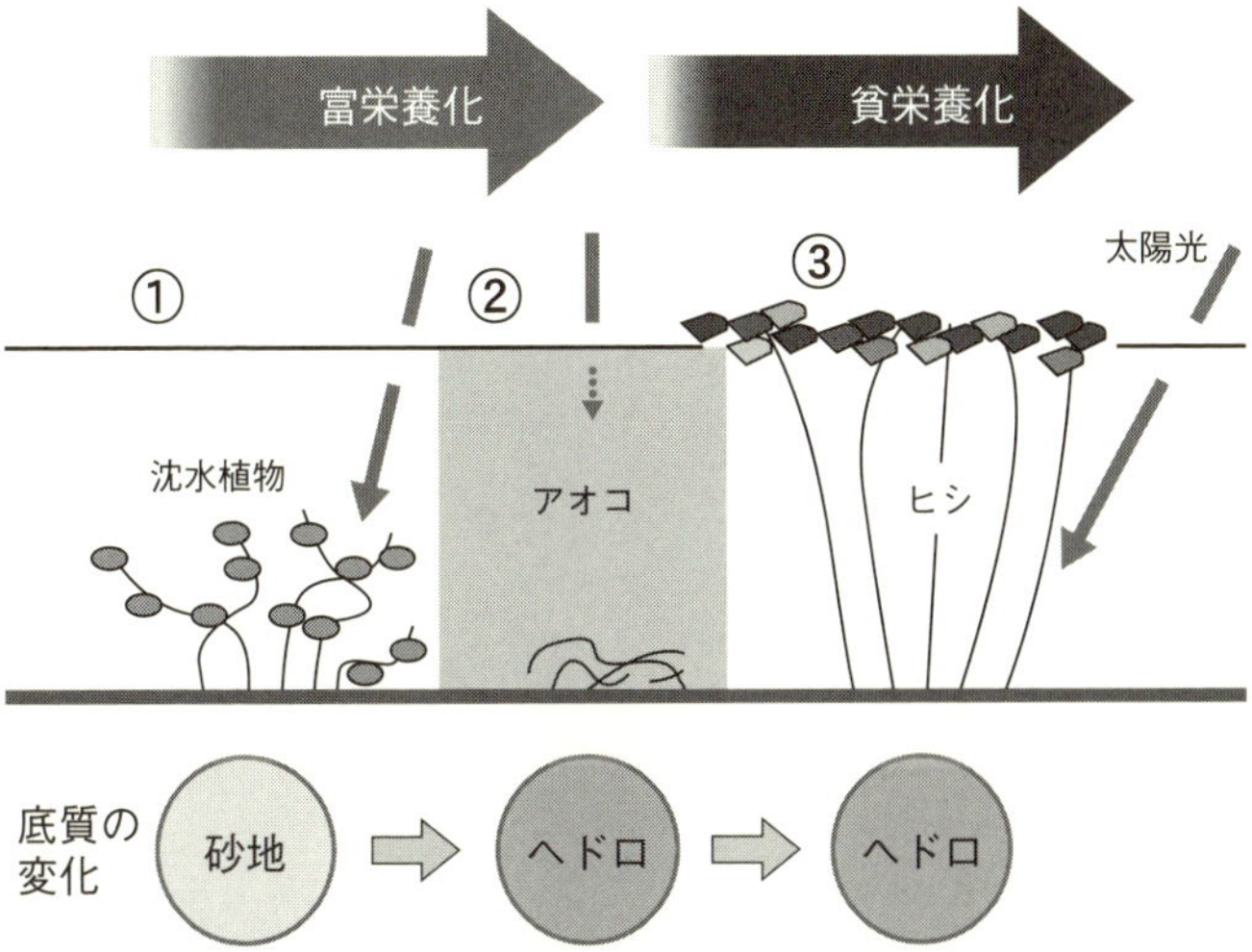

■図 4-27　諏訪湖における水草の遷移（①→③）の模式図
①水が澄んでいた昔の湖底は砂地で、様々な沈水植物が広く沿岸域を覆っていた
②富栄養化によって発生したアオコが透明度を低下させたため、水草は太陽光を得られずに姿を消した。この時期に湖底が砂地からヘドロに変わった
③水質浄化対策の効果で、アオコが減り透明度が増して水草が復活したが、ヘドロを好むヒシが優占した

には様々な沈水植物が繁茂していた（図4-27の①）。ところが、アオコが発生するようになると、透明度が著しく低下し、ほとんどの水草が諏訪湖から姿を消した（図4-27の②）。その時期は、底質が変わった時期でもある。植物プランクトンによってつくられた大量の有機物が湖底に沈み、ヘドロがつくられた。その後、行政や地域住民の努力で水質浄化対策を進め、アオコの発生量を大きく減らすことに成功した。それは湖底に太陽光を届けることになり、水草の成長を促した。ところが、湖底は、長年かけて溜まったヘドロに覆われていたため、沈水植物は戻らず、ヘドロを好むヒシが増えた（図4-27の③）。

すると、諏訪湖に昔のような沈水植物群落を復活させるには、底質をヘドロから砂地に変えなければならない、ということになる。諏訪地域の人々は、今まで、諏訪湖の環境保全を目的に、〝水質浄化〟を合い言葉として活動してきた。それがある程度達成された今、底質の改善という新たな課題を持つことになったと言えるだろう。ただし、湖底のヘドロの多寡は、水中から沈降する有機物量に強く影響されるので、水質浄化を進めることで、ヘドロを減らすことができるだろう。しかしながら、それには時間がかかる。そのことの理解が必要だ。

諏訪湖の水質浄化は、昔の生態系を取り戻すための行為ではあるが、湖水中の窒素やリンを減らしても（貧栄養化させても）、例えばヒシが大発生したように、貧栄養化の過程で、一時的ではあるが今までにない生態系構造がつくられると言えそうだ。そして、そのような変化を経ながら、時間をかけて元の（昔の）生態系に戻っていくのだろう。

4-10 クロモ群落の復活が新たな問題に

前項では、諏訪湖の水質浄化が進んで、ヒシが大きな群落をつくったことを述べた。そして、その理由として、昔の諏訪湖の底質には沈水植物が好む砂地が多かったが、その底質が、ヒシが好むヘド

ロに変わったためと説明した。

ヘドロは有機物の含有量の高い泥であり、諏訪湖の富栄養化に伴って増えたプランクトンが沈降し、湖底に溜まることによってつくられた。すると、諏訪湖の湖底はすべてヘドロに覆われていると考える人がいるかもしれない。ところが実際はそうではなく、いまだに砂地の場所がある。それは、比較的水量の多い川の河口周辺である。大雨が降ると、川は水量を増し、河口に溜まったヘドロを巻き上げて押し出し、さらに新たな土砂を諏訪湖に運び込むからである。すると、湖水の透明度が高くなれば、今でも沈水植物が生育しやすい場所が諏訪湖にあると言える。実際、二〇〇七年には、沈水植物のクロモ（図4-28）が砂地のところで大繁茂した。河口近くの比較的浅いところでは、湖面にまで葉を伸ばすようになった。これは、アオコが発生する以前の諏訪湖の状態に近づき始めた現象と考えられ、とても好ましいことと思えた。ところが、これが問題を起こしたのである。

■図 4-28　諏訪湖に分布するクロモ（撮影：佐久間昌孝）

クロモはヒシとは異なり、植物体が柔らかい。そのため、湖面を波立たせるような強風が吹くと、水の攪乱《かくらん》によって茎が切れることがある。特にクロモが枯れ始めて弱っている秋には、その攪乱の影響が大きい。そして、切れたクロモは水面に浮き、風によって湖岸に運ばれる。二〇〇七年にはそれが起きた。切れたクロモが、湖岸に沿って帯状に集積したのである(図4-29)。すると、それが腐り始め、悪臭を放つようになったのだ。こうなったら放っておくわけにはいかない。行政機関の手によって湖岸に積もったクロモが除去された。当然、この作業には税金が使われたのである。

ところで、諏訪湖は一九八六年に国から指定湖沼に指定された。そのため、その後は、国が一部費用の負担をし、国の監督の下で五年ごとに水質保全計画を立て、水質浄化対策を進めている。二〇〇七年度に策定された第五期の水質保全計画では、目指すべき諏訪湖の姿として、「昭和三〇年代の人と生き物が共存する諏訪湖」が掲げられた。昭和三〇年代の諏訪湖では、まだ湖水が比較的澄んでおり、沈水植物が広く繁茂していた。すると、クロモ群落が復活した二〇〇七年は、その目指すべき諏訪湖の姿に近づいたと言えるだろう。ところが、先に述べたように、それが問題を起こしたのである。

ここで疑問が生まれた。なぜ、昭和三〇年頃は、水草が繁茂しても今のような問題が生じなかったのだろうか。

「モク採り」という言葉をご存じだろうか。モクとは沈水植物のことである。昔は農地の肥やしとするために、湖の水草を刈り採っていた。この言葉はそのことを指すものである。

この「モク採り」は、諏訪湖も含め、日本全国の湖沼で広く行われていたようだ。すると、昔は水草が湖で枯れる前に刈り採られていたことになる。そのため、湖岸で打ち上げられて腐る水草はなかっ

■図 4-29　風によって諏訪湖岸に打ち寄せられたクロモ。左下の写真はその近影。すでに腐り始めている(2007年秋)

■図 4-30　諏訪湖での水草（ヒシ）の除去作業

たのだ。昔の湖では、水草と人が、ある意味、共存していたと言えるだろう。

これに対して、今の農地では化学肥料を使うため、水草を必要としていない。その結果、湖の水草は人の手によって管理されなくなった。それが今の問題を起こす原因となったのである。このことから考えると、たとえ今の諏訪湖の水質を浄化させて昔の生態系を取り戻すことができても、湖に関わる人々の暮らしぶりを昔に戻さなければ、問題は解消されない、ということになるだろう。

それにしても、昔の水草と人の付き合い方はすばらしいものだった。なぜなら、それによって、理想的な物質循環がつくられていたからである。

農地では、農作物を育てるために肥料を使う。ところが、肥料に含まれる窒素やリンの一部は雨水とともに農地から流れ出し、川を介して湖に流れ込む。そして、湖の富栄養化に貢献することになる。ところが、その窒素やリンを、湖内の水草が吸収して成長する。そしてその水草は、モク採りによって湖から持ち出され、農地の肥料になる。これによって、農地から湖に運ばれた窒素やリンが農地に還るのである。

今後、諏訪湖の水質浄化はさらに進むと思われる。すると、水草は今以上に増え、問題はもっと大きくなるだろう。それを防ぐためには、モク採りに学んだ窒素やリンの循環を積極的につくらなければならない。

今、行政機関や民間団体が水草を刈り採り、それを堆肥化している（図4-30）。ところが、その事業は経済的には成り立っていない。そのしくみが、経済活動のなかで機能するように、みんなで知恵を出していく時が来たように思われる。

4-11 白樺湖のアオコ、生態系操作で減少

この項では、諏訪湖ではなく白樺湖の話をする。そのわけは、白樺湖で起きたことが、諏訪湖の生態系を考えるうえで重要な示唆を与えるからである。

白樺湖は〇・三六km²の湖面積を持つ人造湖で、一九四六年に、蓼科高原《たてしなこうげん》の標高一四一六mの地に農

業用温水ため池としてつくられた。ところが、周囲は風光明媚《ふうこうめいび》なところだったので、観光地として発展し、湖畔には多くのホテルが建ち並ぶようになった。当時は排水規制がなく、ホテルなどからの排水はそのまま湖に垂れ流された。その結果、一九八〇年にアオコが大発生するようになった。そこで、水質浄化のために下水処理場がつくられ、処理排水はすべて下流に流された。小さな湖なので、浄化効果はすぐに表れアオコが消えたが、一九九二年に再びアオコが見られるようになり、一九九六年には大量に発生して湖面を緑に染めたのである。

そこで白樺湖の水質浄化が課題となり、地元の関係諸団体、行政機関が参加した「白樺湖浄化緊急対策協議会」がつくられ、浄化対策の検討がなされた。その会議で、筆者が提案したバイオマニピュレーション（生態系操作）による浄化対策が認められ、それを実行したのである。その内容は、魚食性のニジマスと、体の大きなダフニア属のカブトミジンコを湖に放流することであった。

それを行った理由を説明しよう。

これまで多くの湖で、ダフニアの仲間のミジンコが増えると、湖の透明度が高くなる現象が研究者によって頻繁に観察されてきた。その現象が生じたのは、増えたダフニアが、水質を汚濁させる植物プランクトンを効率よく食べて減らしたからである。ダフニアは、いわば植物プランクトンの天敵と言える存在なのだ。すると、湖の水質を浄化するには、ダフニアを増やすのがよいということになる。ところが、汚れている湖にはダフニアは少ない。その理由を調べたところ、そのような湖には魚が多く生息し、それがダフニアを食べてしまうことがわかった。それならば、湖の魚を減らさなければならない。

近年、欧米の湖では、バイオマニピュレーションが盛んに行われるようになった。そこでは、湖の魚を減らすため、湖に魚食魚を放流する、または漁労により魚を捕獲している。その結果、水質が改善された湖の例が報告されている。

さて、白樺湖であるが、私たちの事前の調査ではダフニアが生息しておらず、動物プランクトン群集では、小型のゾウミジンコとワムシが優占していた。これは諏訪湖と同じである。白樺湖でダフニアがいないのは、ダフニアを好んで食べるワカサギが多く生息しているためと考えた。そこで、ワカサギを減らすために、すでに白樺湖で放流実績のあるニジマスを放流することにした。

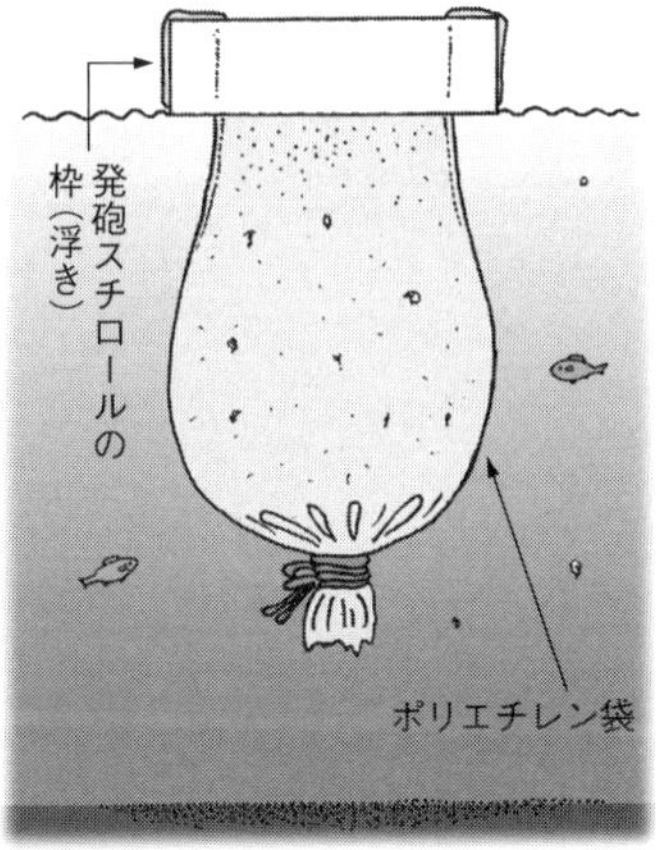

■図 4-31　隔離水界の構造図。プランクトンを含む湖水が入れられている

その一方で、ダフニアが増えれば、白樺湖のアオコを減らすことができることを確かめるための実験も行った。白樺湖のなかにポリエチレンでつくった容量一トンの袋（隔離水界。図 4-31）を設置し、そのなかに窒素とリンを投入してアオコを発生させた。そして、そこにダフニアを放流してアオコの量の変化を調べたのである（図 4-32）。その結果、期待通りにアオコが減少した。そこで、白樺湖浄化作戦を実行に移すことにしたのである。

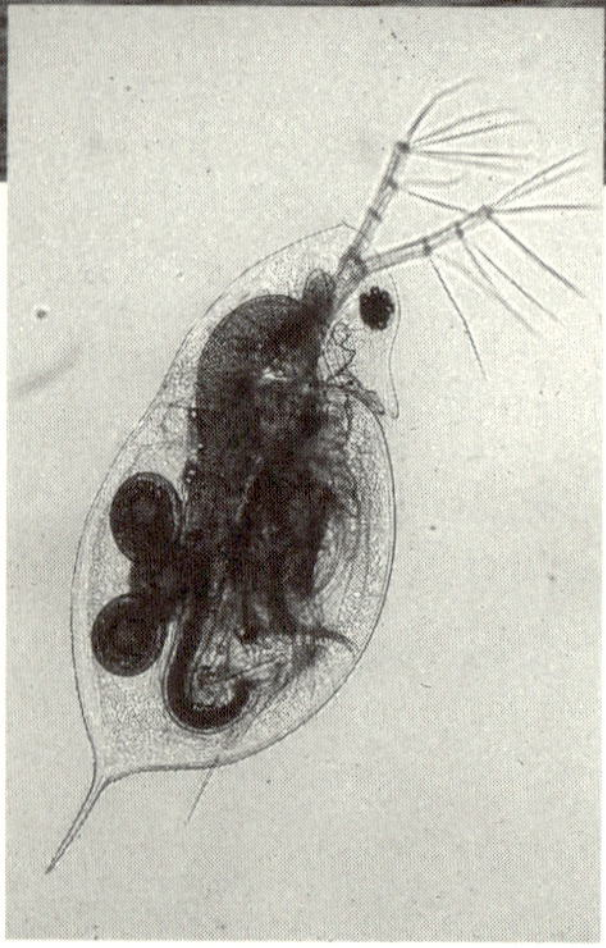

■図 4-32　白樺湖に設置された隔離水界。左下の写真は、白樺湖に放流したカブトミジンコ（最大体長 2mm）

まず、二〇〇〇年の春にニジマスの稚魚を七〇〇〇〇尾放流し、その年の夏に、室内で培養したおよそ一万個体のカブトミジンコを放流した。ちなみに、このミジンコは日本の湖に広く分布している種である。また、その後も二〇〇三年まで、毎春五〇〇〇〜八〇〇〇尾のニジマス稚魚を放流した。

するとく、二〇〇三年には白樺湖でワカサギが捕れなくなり、カブトミジンコが増え始めた。それと同時に、それまで湖で優占していた小型の動物プランクトンが、カブトミジンコとの競争に負けて減り始め、さらに植物プランクトンの量も減り、湖の透明度が上昇したのである（図4-33）。白樺湖の透明度は、それまでは二mほどであったものが、二〇〇四年の七月には四・五八mを記録し（図4-34）、二〇〇九年八月には、五・三五mにまで達した。期待通り、白樺湖の水質浄化に成功したのである。

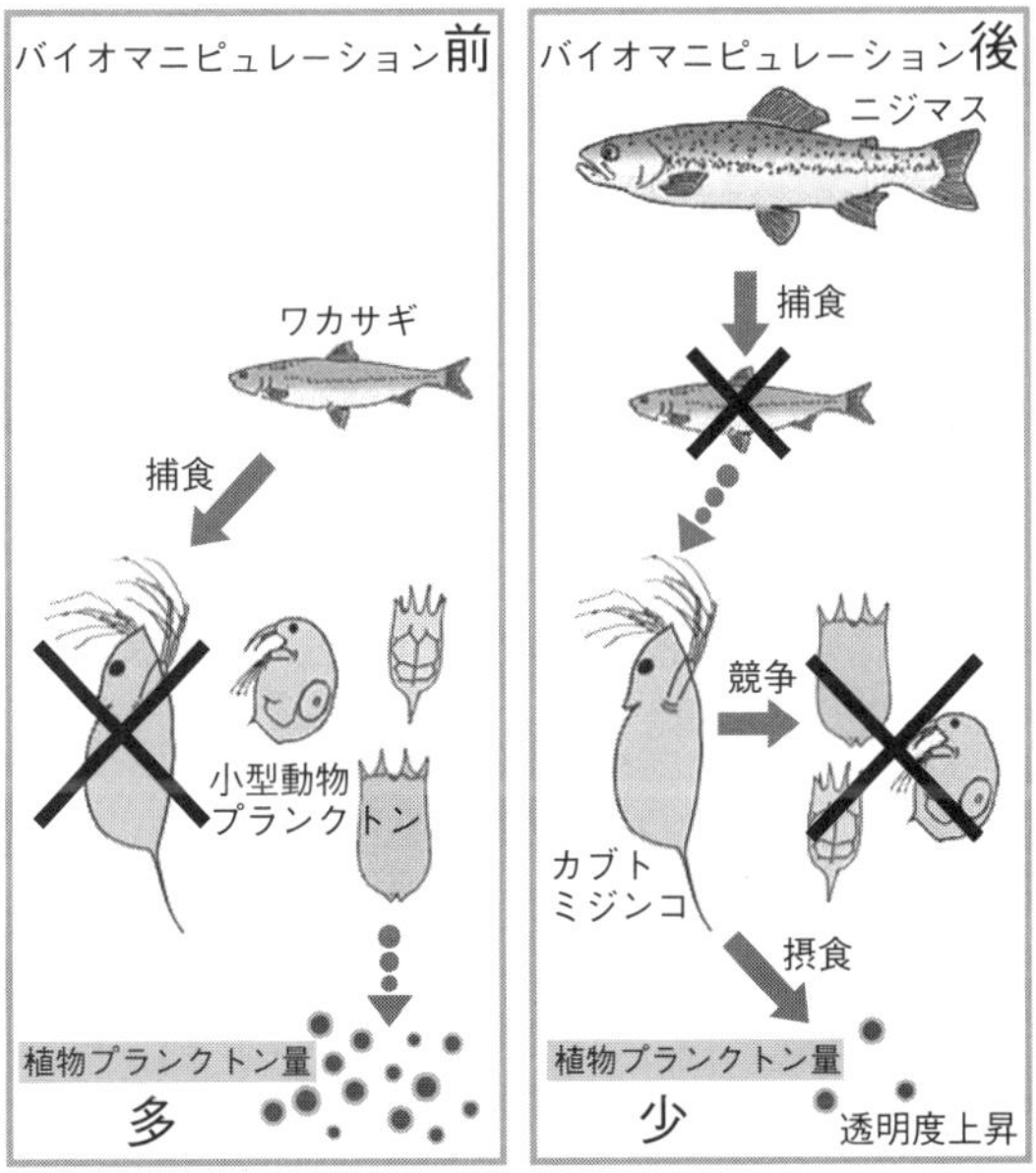

■図4-33　バイオマニピュレーションで変化した白樺湖の生態系構造の模式図

これは、白樺湖という湖を用いた壮大な実験だったと言えるだろう。そし

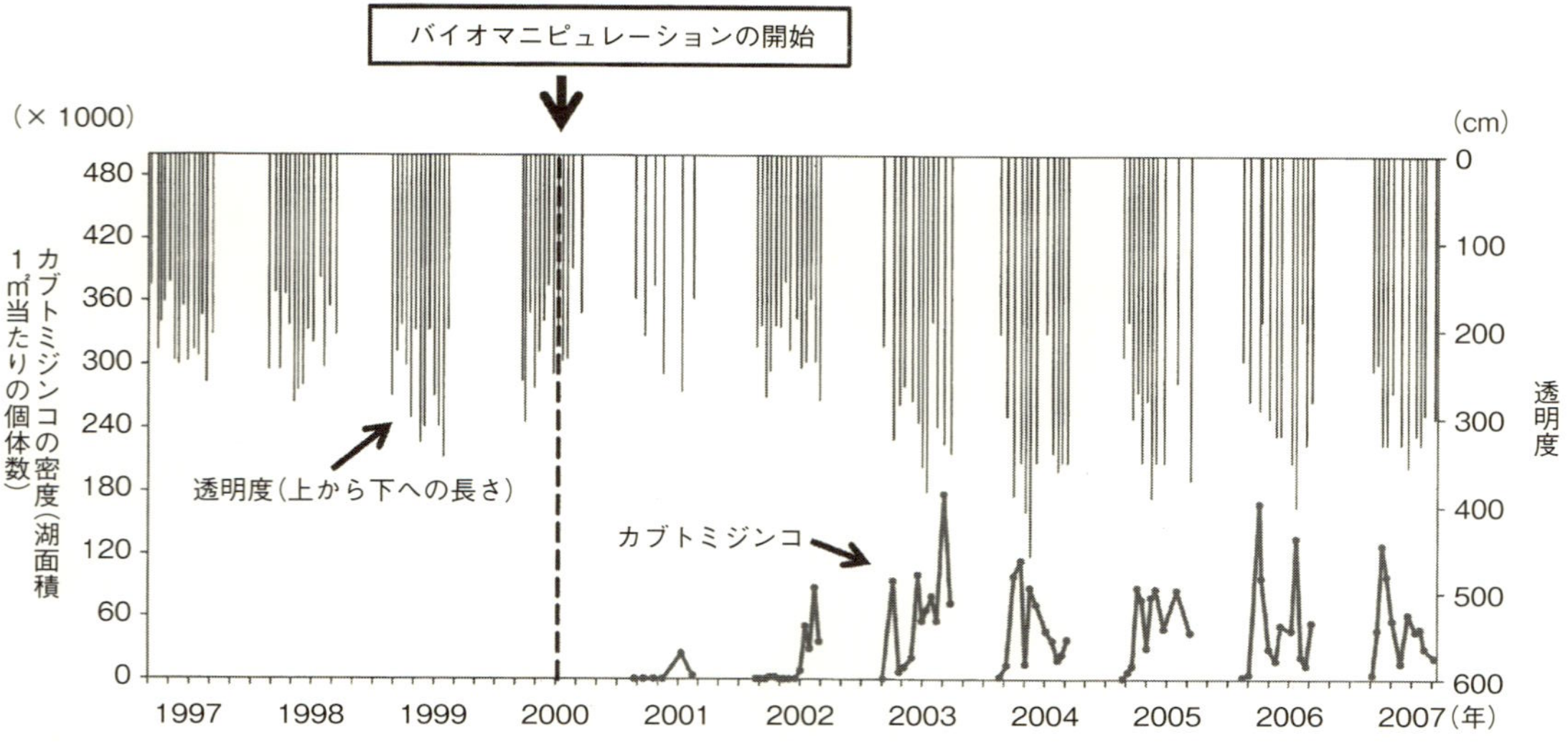

■図 4-34　白樺湖における透明度の変遷とカブトミジンコの密度の変化。出典：河鎮龍（2009）

て、この実験の結果、魚は湖の動物プランクトン群集の種組成に大きな影響を与えていること、そして、それによって湖の水質にも強い影響を及ぼしていることが示された。

4-12 大型ミジンコ増加の謎

これまで述べてきたように、諏訪湖では、一九九九年を境に、様々な生物群集が大きく変化した。特に劇的で大きな変化はアオコの減少である。アオコは植物プランクトンによってつくられる。すると、植物プランクトンを主要な餌としている動物プランクトン群集は、アオコ減少の影響を強く受けるものと考えられた。しかし、不思議なことに、動物プランクトン群集には期待したほどの大きな変化は見られなかった。

ところが、一九九九年前後の一〇年間の諏訪湖の動物プランクトンの変化を詳しく解析したところ、動物プランクトン群集にも変化が起きていることがわかった。

図4-35に、一九九六年から二〇〇五年までの主要な動物プランクトン種の個体密度の変化を示す。それを見ると、一九九九年頃を境に、二種の動物プランクトン、ノロとヤマトヒゲナガケンミジンコが、年々増える傾向にあることがわかる。なぜ、この二種が増えたのか。その謎を解く鍵は、それらの動

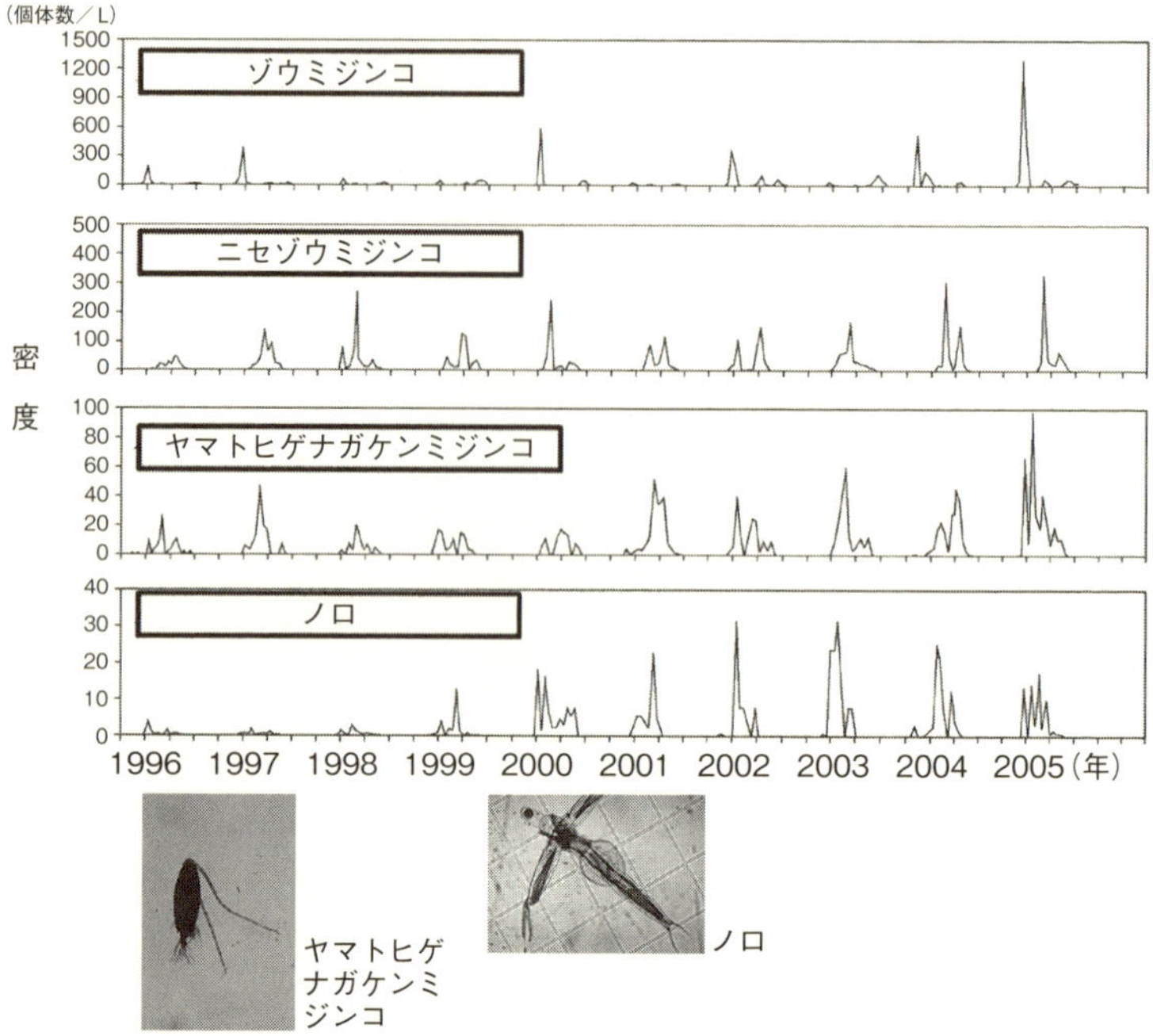

■図4-35　1996年から2005年までの、諏訪湖の主な甲殻類プランクトンの個体密度の変化。ノロとヤマトヒゲナガケンミジンコは1999年以後、統計的有意に密度が上昇している。出典：永田・平林(2009)

物プランクトンの体の大きさに見いだせそうだ。

　ノロは日本の湖沼に生息する最大のミジンコで、体長は一cm近くにまでなる。また、ヤマトヒゲナガケンミジンコはケンミジンコの仲間で、体長は一mmを優に超える。これらは、諏訪湖に生息する動物プランクトン種のなかで、第一位と第二位の大きさを持っている。すなわち、今の諏訪湖では、大型の動物プランクトンが増えているのだ。

　前項では、白樺湖で行われたバイオマニピュレーションの成果を紹介した。そこではワカサギを減らすことによって、大型ミジンコの仲間、ダフニア属のカブトミジンコを増やすことに成功した。これを言い換えれば、ワカサギが多いと大型ミジンコは増えられないということになる。これは、大型ミジンコに対するワカサギの捕食圧が強いためである。

すると、諏訪湖でのノロとヤマトヒゲナガケンミジンコの増加は、ミジンコに対する魚の捕食圧が減ってきたため、と考えるのが妥当だろう。実際、今、諏訪湖のワカサギが減っている。もしこの考えが正しくて、かつ、今後もワカサギが減っていったなら、白樺湖で見られたように、大型のダフニア属ミジンコが諏訪湖に現れて増え出すのではなかろうか。

そんなことを考えていたら、諏訪湖にダフニア属のカブトミジンコが出現した。二〇〇七年五月のことである。ただし、そのときのカブトミジンコの個体密度は低く、一カ月ほどで姿を消してしまった。

ところで、諏訪湖では古くから生物群集が調査されている。その最初の調査が、一九〇七年から一九〇九年に行われた（田中、一九一八）。そのときは、動物プランクトンも調べられており、その記録を見ると、ダフニア属のミジンコが記載されていた（図4-36）。当時の諏訪湖にはダフニアが棲んでいたのである。ところが、その次に行われた、一九四七年から一九四九年の調査の報告

1907-09(年)	○
1914-15（霞ヶ浦から諏訪湖へのワカサギの移入）	
1947-49	×
1969	×
1970	×
1971-72	×
1977	×
1978	×
1982-85	×
1986	×
1987	×
1992	×
1993	×
1994	×
1996-2006	×
2007	○
2008-09	×

■図4-36　動物プランクトンの調査が諏訪湖で行われた年と、ダフニア属ミジンコの出現記録。○は記録あり、×は記録なし

■図 4-37　産卵のために春先の川を遡上するワカサギを捕らえて採卵し、それを人工的に受精させて全国の湖沼に出荷する。諏訪湖はワカサギで有名だが、そのワカサギは戦前に霞ヶ浦から移入されたもので、湖の動物プランクトン群集に影響を与えている

には、ダフニア属の名前はなかった。その後、諏訪湖の動物プランクトンは極めて頻繁に調べられてきたが、二〇〇七年のカブトミジンコの出現まで、一度もダフニアは採集されなかった（図4-36）。このことは、最初の調査時の一九〇七～一九〇九年と次の調査時の一九四七年から一九四九年の間に、ダフニアを諏訪湖から追いやることになった環境の変化があったことを窺わせる。そこで、その環境変化を起こした要因の一つとして考えられるのが、一九一四～一九一五年にあった、諏訪湖へのワカサギの移入である。

　諏訪湖の代表的な魚というと、誰もがワカサギの名を挙げるだろう。しかし、ワカサギはもともと諏訪湖にいた魚ではない。これは、本来、霞ヶ浦やサロマ湖などの汽水湖《きすいこ》（満潮時に海水が流れ込む湖。ただし、今の霞ヶ浦は水門建設により淡水湖になっている）に棲んでいる魚である。

一九一四〜一九一五年にワカサギが諏訪湖に入ったのは、漁業振興のために、霞ヶ浦のワカサギを移植したことによる。諏訪湖は淡水湖だが、それでもワカサギが定着し、諏訪湖の漁業を支えてきた（図4-37）。したがって、一九四〇年代以後にダフニアが諏訪湖で見られないことの理由として、ワカサギが諏訪湖に入ってきて、大型のミジンコに対して強い捕食圧を与えるようになった、ということが考えられるだろう。

今、諏訪湖ではワカサギが減る傾向にある。すると、再びダフニアが生息しやすい環境がつくられるように思える。諏訪湖の動物プランクトン群集は、これまで変化が見えにくかったが、近い将来に大きく変わるかもしれない。

4-13 関わり合う生物群集と、その変化

諏訪湖では、水質浄化に伴って、様々な生物群集が大きく変化してきた。そこで本項ではその変化をまとめ、それぞれの群集間の関わりについて考えてみる。

まず、生物群集が大きく変化するきっかけをつくったのは、下水道の普及率の向上と下水処理場からの排水の系外放流（排水を諏訪湖に入れないように放流すること）だろう。それによって、湖水中

の窒素やリンの濃度が低下した。特にリンの濃度の低下が著しかった。これらの物質は、いわば植物プランクトンの栄養素なので、その濃度低下はアオコをつくっていた藍藻のミクロキスティスの増殖を抑え、アオコの劇的な減少を導いた（図4-38の①）。

アオコは湖面を覆うため、それが発生すると湖水の透明度が悪くなる。諏訪湖では、ひどいときには、直径三〇cmの白い透明度板を湖水中に入れたとたんに見えなくなった。そうなると、湖岸近くの浅い水域でも、太陽光が湖底に届かなくなる。これは、芽生えとその後の成長のために太陽光を欲していた湖底の水草に、大きなダメージを与えた。その結果、諏訪湖の湖底の広い面積を覆っていた水草（主に沈水植物）が姿を消したのである。

そのアオコが、一九九九年を境に少なくなり、透明度が増した。それにより、太陽光が沿岸域の湖底を照らすようになり、水草が盛んに成長を始めた（図4-38の②）。ただし、かつて水草群落で優占していたクロモやササバモなどの沈水植物が復活した場所は限られている。その一方で、湖水がよどみやすいところでは、昔はあまり見られなかったヒシが大発生することになった。これは、長年にわたって大量に増えた藍藻が沈降し、湖底に溜まってヘドロがつくられたことから、ヒシが好む底質環境が生まれたためである。

ところで、湖水中の窒素やリンの濃度の低下は、アオコをつくる藍藻だけでなく、植物プランクトン群集全体の増殖速度を抑えることになる。植物プランクトンは、湖沼生態系のなかの食物連鎖の出発点に位置する生物である。したがって、窒素やリンの濃度の低下は、植物プランクトンを餌とする

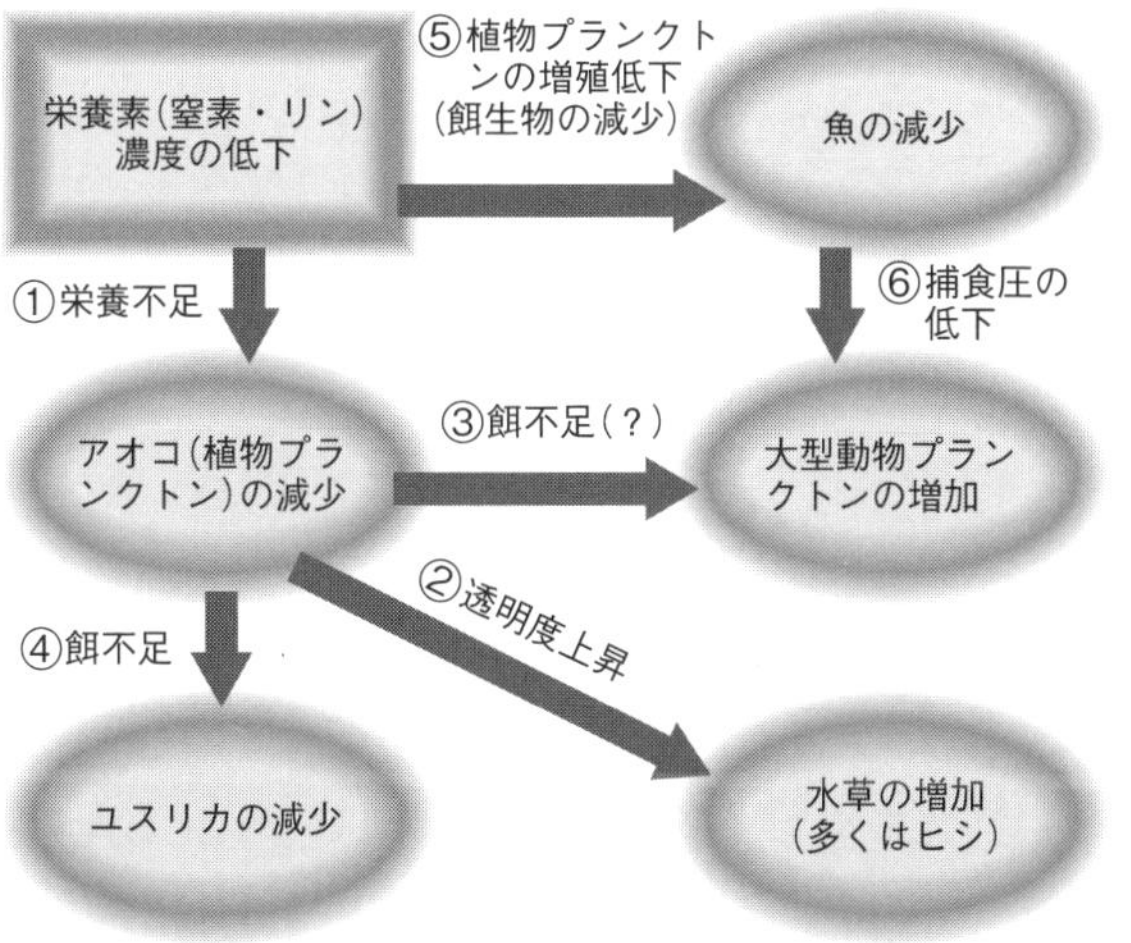

■図 4-38　諏訪湖で見られた生物群集の変化と、それを引き起こした要因の模式図

動物プランクトンに対して、餌の供給量を減らすことになる（図4-38の③）。すると、動物プランクトンが減るものと思われたが、その傾向は顕著には見られていない。そのわけについては後で考察する。

また、植物プランクトンの減少は、湖底に沈降する植物プランクトンを餌としているユスリカ幼虫をも、餌不足状態にさせたと考えられる（図4-38の④）。実際、諏訪湖のユスリカは近年大きく減少した。しかし、その減少が、近年、他の湖でも見られるようになったことから、その原因を、単純に植物プランクトンの生産速度の低下だけで説明するのは難しいという指摘があることも記しておく。

そして、もう一つの大きな変化は、ワカサギの漁獲量の減少である。本来、諏訪湖にはいなかった魚食魚のブラックバスを除けば、ワカサギは諏訪湖の食物連鎖の頂点に位置している動物だ。したがって、この魚は、動物プランクトンやユスリカなど、様々な餌生物を介した食物連鎖を通じて、水質浄化による植物プランクトンの増殖速度の低下の影響を受けたものと考えられる（図4-38の⑤）。

さて、ここで、説明を後回しにした動物プランクトン群集の変化について考えてみよう。動物プランクトンはアオコが減っても現存量が減少する様子が見られなかった。それどころか、むしろ個体数を増やすものが現れた。大型種のノロとヤマトヒゲナガケンミジンコである。これらの動物プランクトンはワカサギに選択的に捕食されていたことから、それらが増えたのは、ワカサギが減って捕食圧が低下したためと考えられる（図4-38の⑥）。

そうすると、動物プランクトン群集は、餌である植物プランクトンの増減よりも、魚の捕食の影響を強く受けていたと言えそうだ。もし、その考えが正しいとすると、今後、さらに水質浄化が進んで植物プランクトンの生産量がよりいっそう低下すると、魚のさらなる減少によって、動物プランクトンは大型種を中心にしばらく増加を続けるだろう。ところが、それはいつまでも続くわけではない。そのうちに植物プランクトン量の減少に起因する餌不足の影響が強くなり、動物プランクトン全体の現存量は下がり始めるに違いない。

多くの研究者たちの長年にわたる地道な調査・研究が、近年の諏訪湖の生態系構造の変化を明らかにしてきた（図4-39）。それによって、湖水中の異なる生物群集が、お互いに複雑な関わりを持っていること、また、その関係によってつくられる微妙なバランスの下で、それぞれの群集の種組成や現存量が維持されていることが見えてきた。

■図 4-39　諏訪湖での長期調査の結果から、この湖では、1999 年以後に、様々な生物群集のドラマチックな変化が続いていることが明らかにされてきた。写真は、まだ寒い 3 月の調査風景

第5章 湖と人のこれから

諏訪湖畔は市民の憩いの場となっている。諏訪湖は地域住民にとってかけがえのない存在

5-1 水質浄化が〝自然に〟進む

第4章（第13項）では、近年の諏訪湖で、様々な生物群集が、お互いに関わり合いながら変化してきた様子をまとめた。そこで、次は視点を未来に向け、諏訪湖の生物群集や環境が、これからどのように変化していくのか、について考えてみることにしよう。

まず、今後の継続的な水質浄化対策によって、湖水中の窒素・リンの濃度が今よりも低下すると考えられる（図5-1の①）。それによって、植物プランクトンは、栄養不足になり、現存量を減らすだろう（図5-1の②）。すると湖水の透明度がこれまで以上に高くなり、湖のより深いところまで太陽光が届くようになる（図5-1の③）。これは、より広い水域の水草（沈水植物）の繁茂を促す。すると、増えた水草は、風による湖水の攪拌を抑え、湖底の窒素やリンが水中に巻き上がるのを防ぐので、湖水を安定的に澄ませるだろう（図5-1の④）。

一方、植物プランクトンの減少は、生物全体の生産量を低下させるので、食物連鎖を通して魚に運ばれるエネルギー量が減少し、魚が今よりも減ることになるだろう（図5-1の⑤）。そうなると、人為的に魚を減らした白樺湖で見られたように、魚による捕食圧が低下して大型のミジンコが増えやすい環境が整うことになる（図5-1の⑥）。すると、二〇〇七年春に諏訪湖で一時的に出現したカブト

Lake Suwa

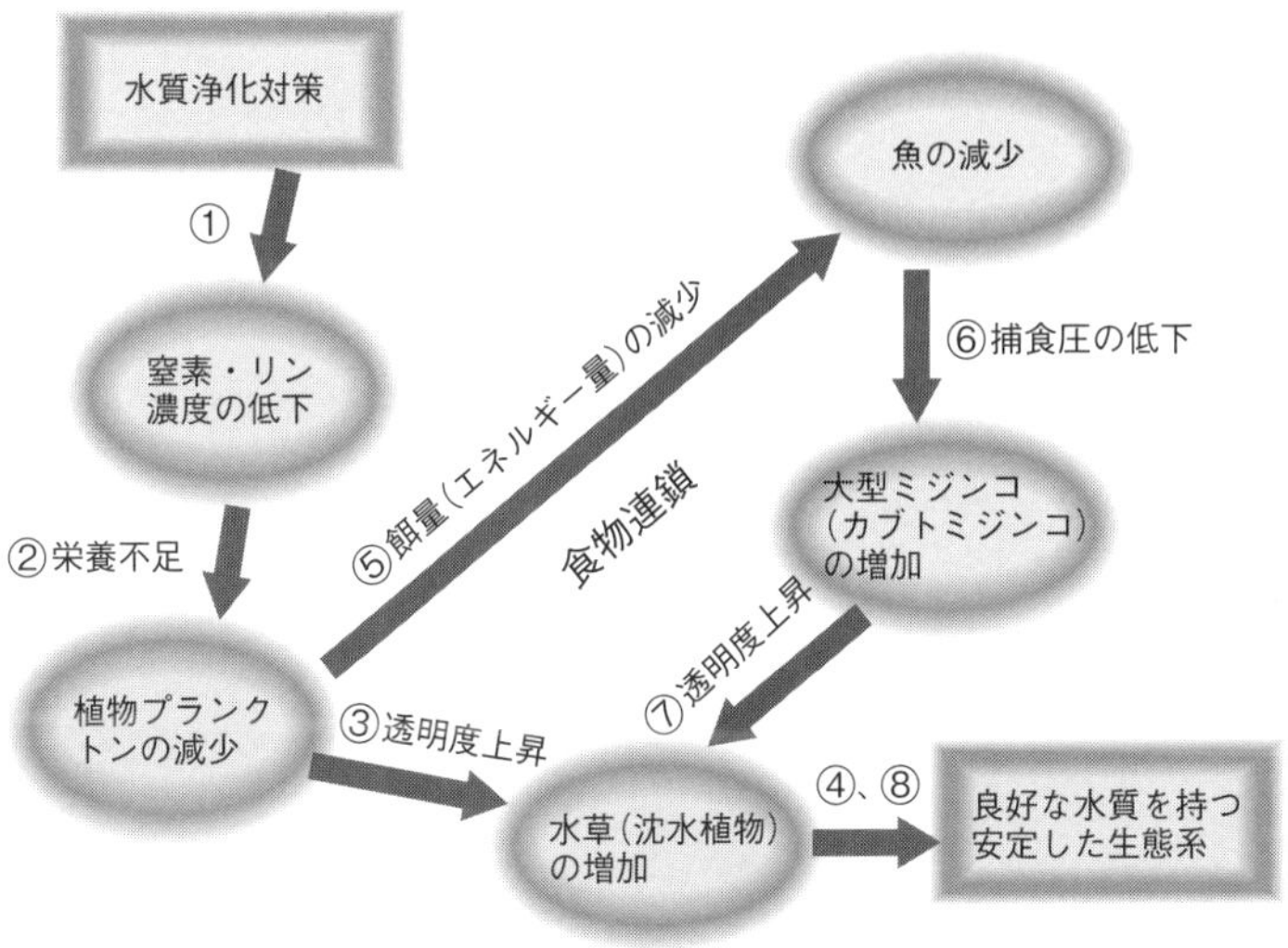

■図5-1　今後の水質浄化に伴って、諏訪湖で連鎖的に生じると予想される生物群集の変化の模式図

ミジンコが、諏訪湖全体で恒常的に姿を見せるようになるかもしれない。

白樺湖では、カブトミジンコが増えたら、植物プランクトン量が減って透明度が大きく上昇した。したがって、同じことが、カブトミジンコが増えた諏訪湖でも生じるに違いない（図5-1の⑦）。そうなると、水草がさらに湖内での分布域を拡大し、水質浄化に貢献するだろう（図5-1の⑧）。

ここで、おもしろいことに気づいた。窒素やリンの湖内濃度を低下させて水質浄化を進めると、その影響によって、連鎖的に他の多くの生物群集が変化し、水質浄化がさらに進むということである。言い換えると、水質が汚濁している湖では、下水処理場をつくるなどして湖の水質浄化をある程度まで進めると、次には、湖内の生物群集間の相互作用によって、さらなる水質浄化が〝自然に〟進み出すと言えそうだ（図5-2）。

さて、ここまでは、諏訪湖がより水の澄んだ湖に変わっていくシナリオを示したが、その逆方向のシナリオについても考えてみる。すなわち、澄んだ水を持っていた昔の諏訪湖の水質が、汚濁していった過程である。

当時の諏訪湖では、水が澄んで水草が広い面積を覆い、大型ミジンコが多く生息していた。ところが、その後の集水域人口の増加と産業の発展に伴って、窒素やリンを多く含む排水が諏訪湖に流れ込んだ（図5-3の①）。その結果、湖水中の窒素・リンの濃度が上昇し始めた。それは植物プランクトンを増やす要因となるが、その時に湖内の広い面積を覆っていた水草が、植物プランクトンの増殖を抑えたため、諏訪湖は変わらず澄んだ水を湛えていた。

ところが、湖水中の窒素やリンがある閾値を超えて増えると、水草の働きを押し切って植物プランクトンが増え始めた（図5-3の②）。すると、湖水の透明度が低下し、太陽光が届きにくくなった水深の深い場所から、水草の姿が消えていった（図5-3の③）。つまり、水草と植物プランクトンという、植物どうしの戦いは、初めのうちは水草が勝っていたが、富栄養化の進展に伴って、軍配が植物プランクトンに上がるようになったと言えるだろう。そして、水草による植物プランクトンの増殖抑制効果が低下し、植物プランクトンが、ますます増えることになった（図5-3の④）。

また、植物プランクトンの増加は、それを餌とするユスリカや動物プランクトンを増やし、さらに食物連鎖の上位にいる魚も増やすことになった（図5-3の⑤）。すると、動物プランクトンに対する

■図 5-2　アオコの大発生がなくなった諏訪湖を照らす夕日。今後は、湖内の生物群集の連鎖的な変化によって、水質浄化がさらに進むだろう

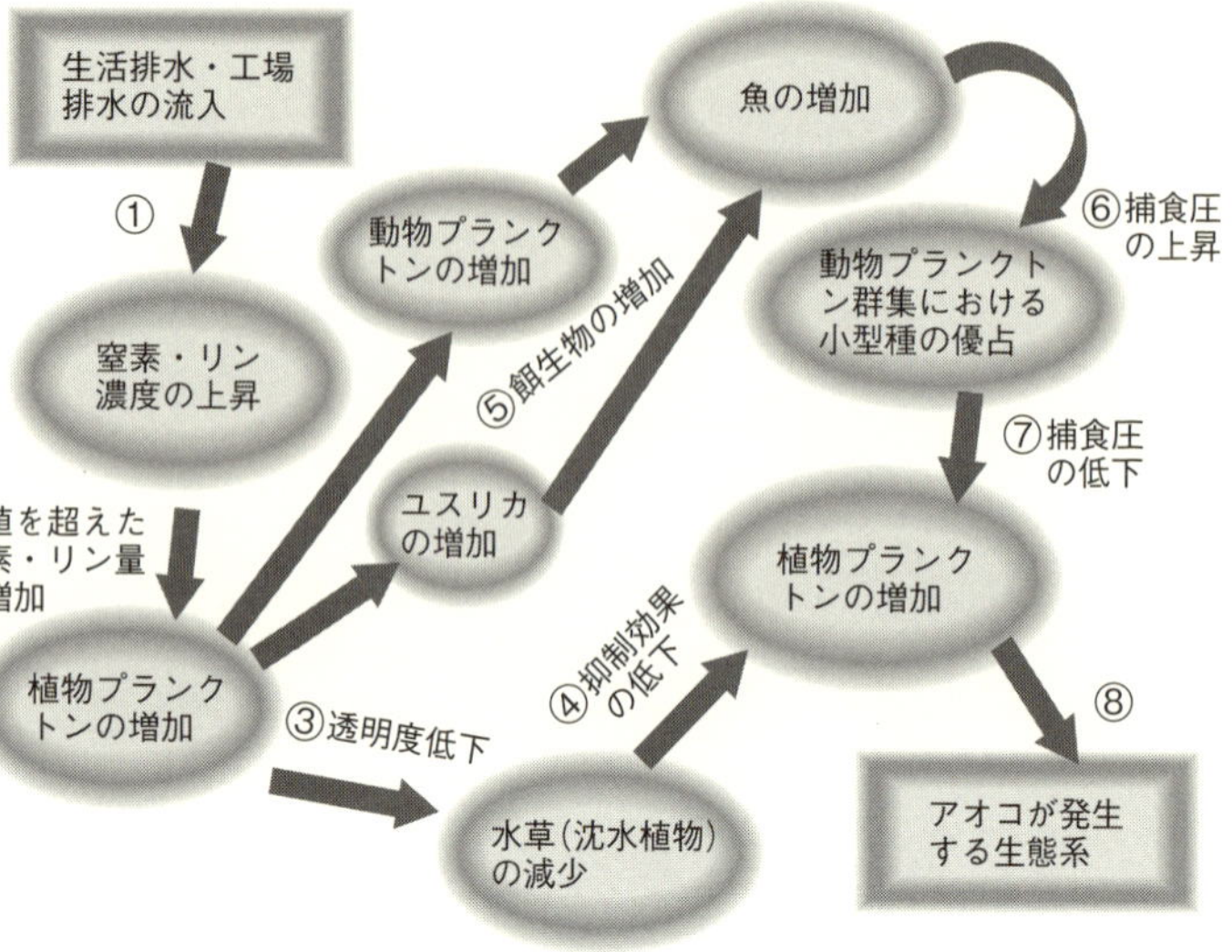

■図5-3　昔の諏訪湖において、水質汚濁の進展に伴って連鎖的に生じたと考えられる、生物群集の変化の模式図

魚の捕食圧が高くなり、大型ミジンコが姿を消し、魚に食べられにくい小型種が増え始めた（図5-3の⑥）。小型の動物プランクトンは植物プランクトンを効率よく食べることができない。そのため、ミジンコによる捕食圧が低下し、植物プランクトンがさらに増加した（図5-3の⑦）。そして、ついにはアオコが発生し、湖面に緑色のペイントを流したような景観がつくられるようになったのである（図5-3の⑧）。

したがって、湖が汚濁していく過程でも、浄化の過程と同様に、連鎖的な生物群集の変化が起きると考えられる。このことから、湖の水質や環境を保全するためには、そこにつくられている生物群集の相互関係を理解することが欠かせないと言えるだろう。

ただし、ここで示したシナリオは、諏訪湖

のような、水草が繁茂しやすい浅い湖を対象として考えたものである。そのことにご注意願いたい。

5-2 地球温暖化が生物に影響

生態系は、環境の変化に柔軟に対応して変わるものである。これまで、諏訪湖の生態系が湖内の窒素・リン濃度の上昇による富栄養化や、水質浄化対策で窒素・リンの流入量を抑えたことによる貧栄養化によって大きく変化してきたことを述べてきた。その他にも湖の生態系に影響を与える環境要因はいろいろとあるが、今、地球温暖化に伴う水温の上昇の影響が多くの湖で危惧《きぐ》されている。今回はそれについてお話ししよう。

第1章第1項で、最大水深二九mの木崎湖を例に挙げ、夏には表水層の水温が二五℃に達するのに対して、水深五〜一〇mのところでは、深くなるにつれて水温が急激に下がる水温躍層が生じ、それより深い層（深水層）では、四℃近くにまで水温が下がることを紹介した。これは、冬の間につくられた最も比重の大きな四℃の水が深水層に溜まり、表水層のみが太陽によって温められた結果である。このように表水層と深水層がつくられることを「成層する」と言う。この湖水中の成層構造は、春になって表水層の水温が上昇するとつくられ、秋になって表水層と深水層の水温が等しくなると消える。

■図5-4　夏の白樺湖。地球温暖化は、湖水中における水温と溶存酸素濃度の分布を大きく変え、生態系に影響を与えると考えられる（撮影：河鎮龍）

そのことを、白樺湖を例に挙げて説明しよう（図5-4）。白樺湖は最大水深が九・一mの小さな湖で、しかも周囲を山に囲まれているので風の影響を受けにくい湖である。そのため、湖水は成層しやすい。

図5-5のAに、白樺湖の春から秋の水温変化を示す。この図は、縦軸に水深、横軸に時間（月）をとって、そこに調査した日の各水深の水温を書き込み、同じ水温のところを線で結んだものである。この線を等値線と呼ぶ。これを見ると、五月には、一三・五℃の線が、湖面から水深五mのところまで縦に引かれている。これは、この水の層のなかでは水温がほぼ同じであり、水がよく混ざっていたことを示している。

一方、七〜八月の間では、水温一九・五〜一五℃の線が、水深三〜四・五mの層で、狭い間隔で横に走っている。これは、この期間、深くなるにつれて、湖水の温度が急速に下がったことを示している。すなわち、この水深の位置に水温躍層がつくられていたのである。そして、水温の等値線は、一〇月になると縦になった。この季節には表水層の水温が下がって湖底近くの水の温度と等しくなり、湖水全体が循環し、よく混合されていたことがわかる。

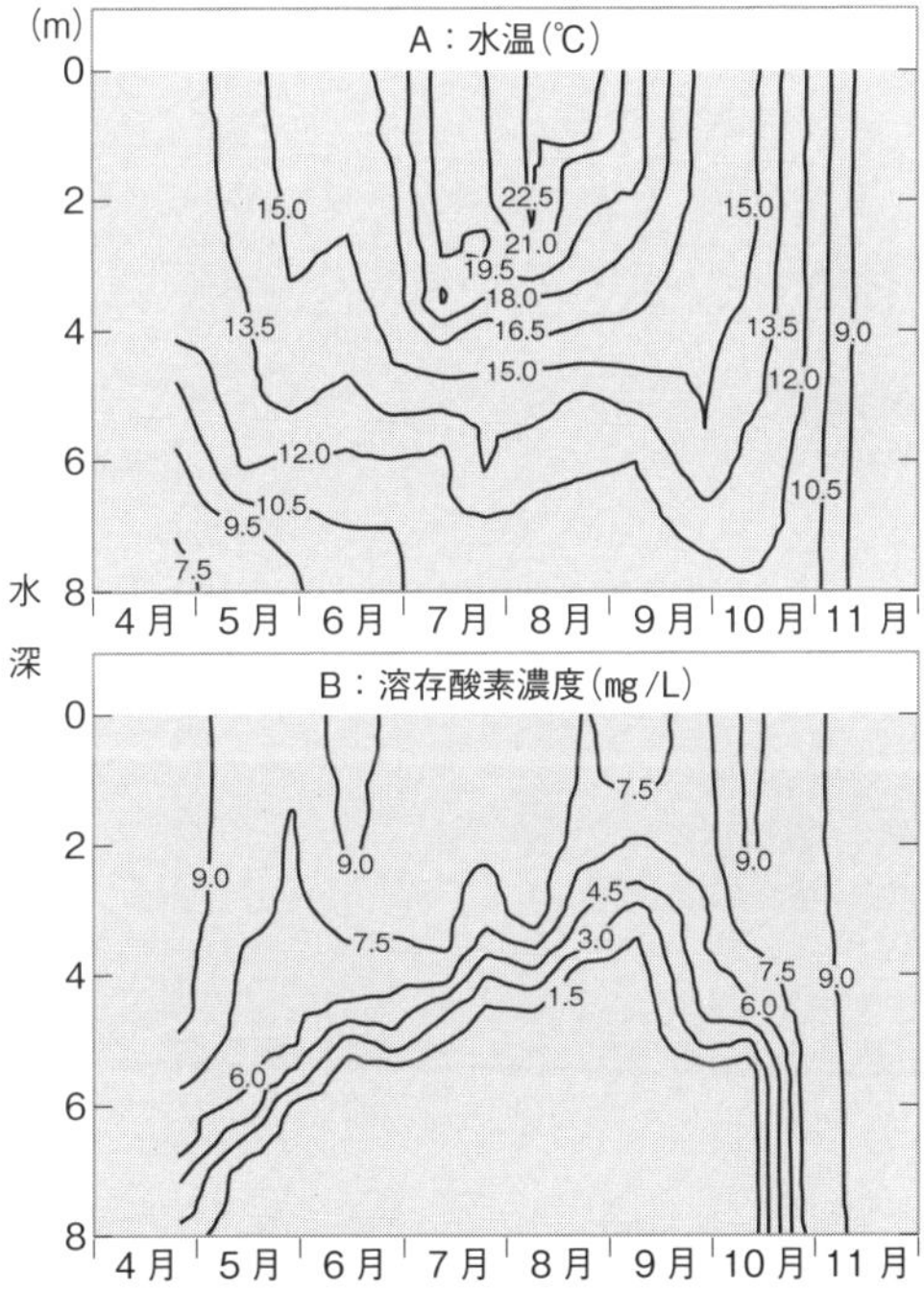

■図5-5　等値線で示した、白樺湖の水温（A）と溶存酸素濃度（B）の鉛直分布の季節変化（1998年）

この水の動きは、湖水中の溶存酸素濃度に大きな影響を与える。例えば、湖水全体が循環する春と秋には表水層の酸素が湖底まで運ばれるため、白樺湖の底でも溶存酸素濃度は六〜九mg／Lという高い値であった（図5-5のB）。ところが、五月になって湖水が成層し始めると、湖底付近では溶存酸素濃度が低下し、その値は三mg／Lを下回るようになった。そうなると、そこでは魚が棲めない。この酸素濃度の低下には、ヘドロが溜まっている湖底付近での、バクテリアの呼吸による酸素の消費と、湖水の成層によって表水層の酸素が深水層に運ばれなくなったことが大きく寄与している。

図5-5のBはまた、湖底の貧酸素層が時間経過とともに次第に上に（より浅い層に）拡大していったこと、そして九月には水深四mよりも深いところがすべて貧酸素層になってしまったことを示している。ここで注意していただきたいのは、貧酸素層が最も大きくなる時期が、生物の活動が最も活発になる夏ではなく、むしろ初秋になるということだ。そのわけは、湖底のバクテリアが常に酸素を消費しているため、表水層から湖底に酸素が運ばれる一〇月の循環期が訪れる直前まで、水中の酸素濃度は低下する一方だったからである。

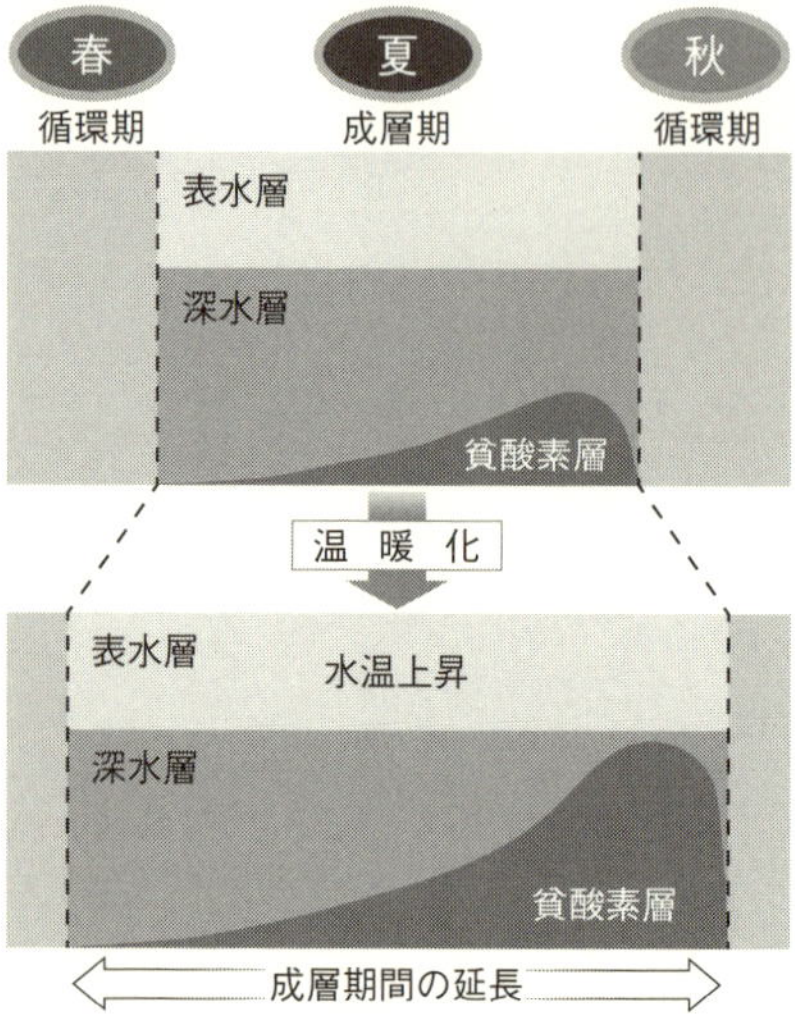

■図5-6 温暖化で変化すると考えられる、湖の成層期間と貧酸素層の分布

湖水中の物理的化学的環境は深さに応じて異なり、またそれは、季節によっても複雑に変わるのだ。

このような湖が温暖化すると、春の表水層の水温上昇が早く始まるため、早い季節に成層構造がつくられる。一方で、秋の表水層の水温の低下が遅れるので、遅い時期まで湖水は成層していることになる。その結果、湖の成層期間が長くなり、貧酸素層がより長く深水層にいすわることになる（図5-6）。これは、湖底に生息する酸素欠乏に弱い生物にとっては大きな問題である。

ただし、このような現象は、安定した深水層がつくられる、比較的深い湖で生じるものである。諏訪湖のように浅く、強い風に頻繁にさらされている湖では見られない。しかしながら、温暖化は諏訪湖にも影響を与える可能性がある。諏訪湖では湖水が頻繁に撹拌されるので、温暖化は湖水全体を温めることになる。すると、もし高温を嫌う生物が棲んでいたならば、水温の高い表水層を避けて湖底に潜っても、冷たい水に巡り会えず、命を落とすことになるかもしれないからだ。

5-3 温暖化でミジンコ小型化

前項に引き続き、温暖化が進んだら、湖の生態系がどのように変化するかについて考えてみる。

諏訪湖のような浅い湖では、強い風が吹けば、湖水全体が撹拌されるので、温暖化による気温の上昇は湖水全体の温度を今よりも上げることになる。すると、今の諏訪湖の夏の最高水温が、耐えられる水温の上限に近い生物にとっては、死活問題になる。では、具体的にそのような生物はいるのだろうか。

高温が苦手な生物というと、ヒメマスやニジマスなどのサケ科の魚のことがすぐに頭に浮かぶ。これらの魚は水温が二〇℃度を超えると生きていけないものが多い。しかし、夏の最高水温が二五℃に達する諏訪湖では、もともとサケ科の魚は生息していない。

高温に弱い他の生物は、ダフニア属のミジンコである。これは大型ミジンコのグループで、水温が二五℃を超えると死亡率が著しく高くなるものが多い。

諏訪湖ではこの仲間のカブトミジンコが、二〇〇七年の春に短期間出現した。このミジンコは植物プランクトンを効率よく食べるので、水質浄化に貢献することが知られている。すると、今後、カブトミジンコが恒常的に諏訪湖に生息するようになると、湖の透明度が上がるだろう。だが、その後に湖の水温が上昇し、カブトミジンコが生きていけなくなると、植物プランクトンが増えて、水質が悪化する可能性がある。

諏訪湖に棲む生物で、水温上昇の影響を強く受けると考えられているものは他にもいる。アカムシユスリカである。このユスリカは年一回、一〇月頃に成虫が発生する。かつて夏の湖面がアオコに覆われていた時代に、著しい数の個体が発生していたため、迷惑害虫になっていた。しかし、水質浄化が進んだ今、ユスリカ成虫の発生を気に留める人は少なくなった。

このアカムシユスリカが低温環境を好む種なのである。一〇月に発生した成虫は、交尾をして湖面に卵を産む。その卵は湖底に沈み、そこから幼虫が生まれる。この幼虫は、冬の間、湖底表面で活動して春に四齢（終齢）にまで成長する。そして、水温が一五℃を超える頃（四～五月）になると、泥の深くに潜って夏眠（休眠）して暑い季節をやり過ごすのである。その後、秋になって湖底の水温がおよそ一五℃まで下がると、幼虫は休眠から覚め、蛹になり、そして成虫となって湖から飛び出す。

すると、温暖化が進んだ場合、諏訪湖の春の水温上昇が早くなるので、幼虫が夏眠する時期が今より早まる。また、秋の水温低下が遅くなるので、夏眠していた幼虫の目覚めと、それに続く成虫の発生時期が遅くなる。実は、この時期はワカサギにとって重要なときなのだ。なぜなら、湖底から浮上する蛹がワカサギの重要な餌となるからである。すると、ユスリカの発生時期の遅れは、ワカサギの成長に何らかの影響を及ぼすと思われる。

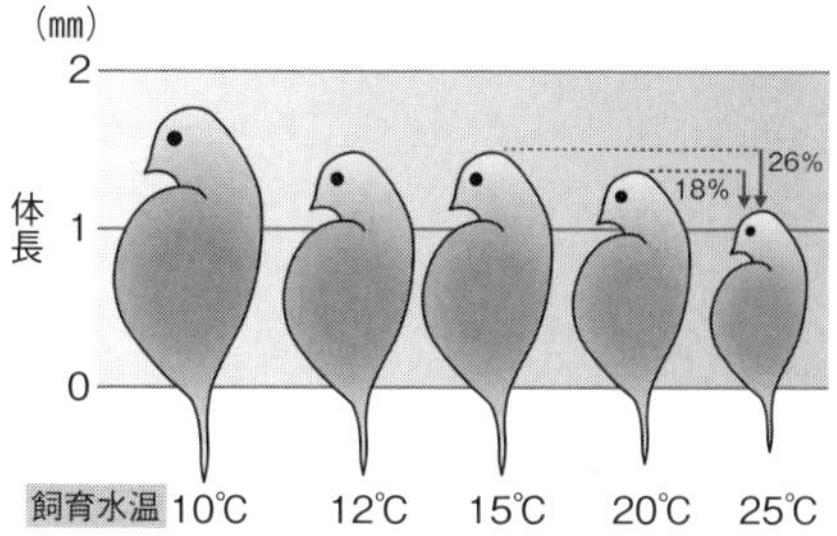

■図 5-7　異なった水温で飼育したときのハリナガミジンコの成熟サイズ（頭頂から、しっぽのような殻刺の根元までの長さ）。図中の%は、15℃、または 20℃で飼育された個体の体長を基準とした、25℃の個体の体長の低下率。出典：Hanazato and Yasuno(1985)より改変

もう一つ、水温変化が生物に与える影響として考えなければならないことがある。それは生物の大きさに与える影響だ。

湖に棲むミジンコたちは、温度が高くなると体が小型化する。私は以前、ダフニア属のハリナガミジンコの体長に及ぼす水温の影響を実験的に調べた。すると、二五℃で飼育された個体の成熟サイズは、二〇℃で飼育されたものよりも一八％小さく、一五℃で飼育された個体と比べると、その減少度は二六％にもなった（図5‐7）。

湖の生態系のなかでは、生物の体の大きさの変化は重要な意味を持つ。なぜなら、湖のなかの多くの生物が、餌生

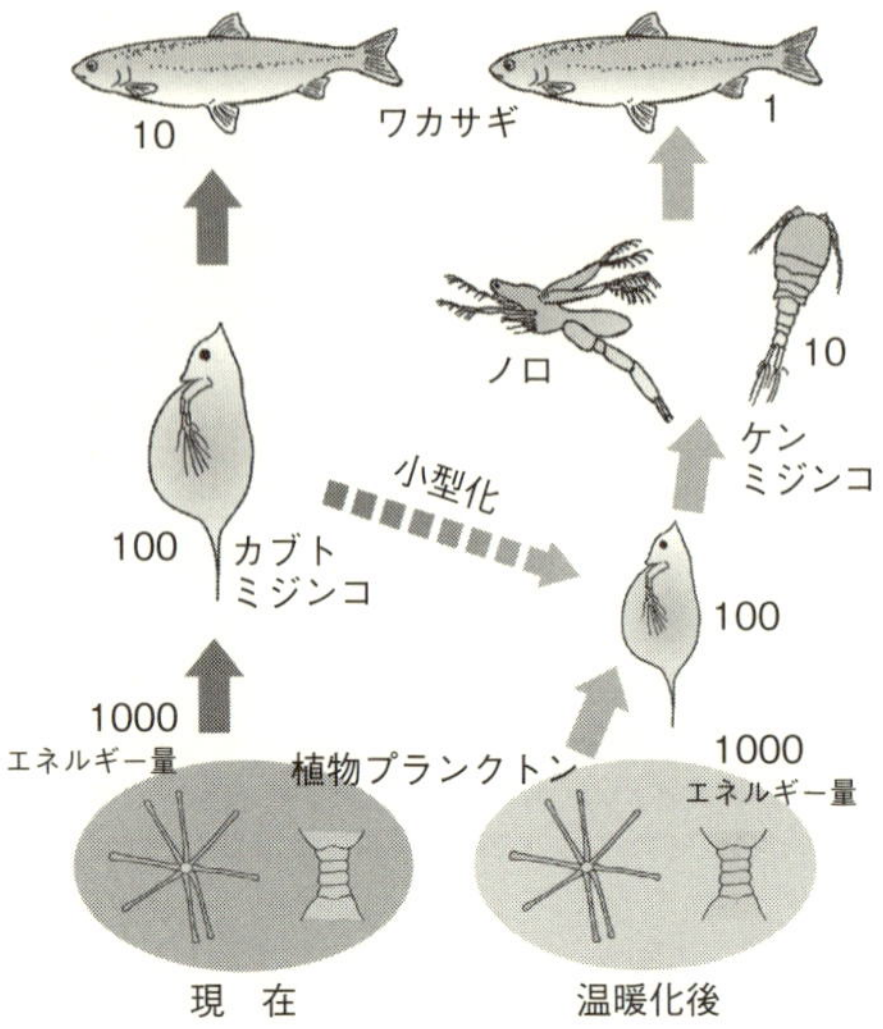

■図 5-8　現在の諏訪湖でカブトミジンコが増えたときの、植物プランクトンからワカサギまでの食物連鎖（左図）と、温暖化で水温が上昇したときに予想される食物連鎖（右図）。左の連鎖の場合、植物プランクトンが 1000 のエネルギーを持っていた場合は、魚には 10 のエネルギーが運ばれることになる。一方、連鎖が長い右の場合では、魚に届くエネルギー量は 1 になる（食物連鎖が一段階上がると運ばれるエネルギー量が 10 分の 1 になると仮定した）

物を、その体の大きさで選ぶからである。例えば、ミジンコよりも体がずっと大きな魚は、より大きなミジンコを目で見つけて捕食する。一方、ノロやケンミジンコなどの、捕食性プランクトンは、口が十分に大きくはないので、小型のミジンコやワムシを食べる。そうなると、例えばカブトミジンコは、現在は魚の格好の餌となっているが、水温が高くなって小型化すると、魚よりノロやケンミジンコに食べられるようになる。これにより、湖の生態系における食物連鎖が変わることになるのだ。

すなわち、温暖化以前は植物プランクトン→カブトミジンコ→魚、という食物連鎖であったものが、その後は植物プランクトン→カブトミジンコ→ノロ・ケンミジンコ→魚となるだろう（図5-8）。そうなると、食物連鎖が長くなる。食物連鎖が一段上がると、運ばれるエネルギー量はおおよそ一〇分

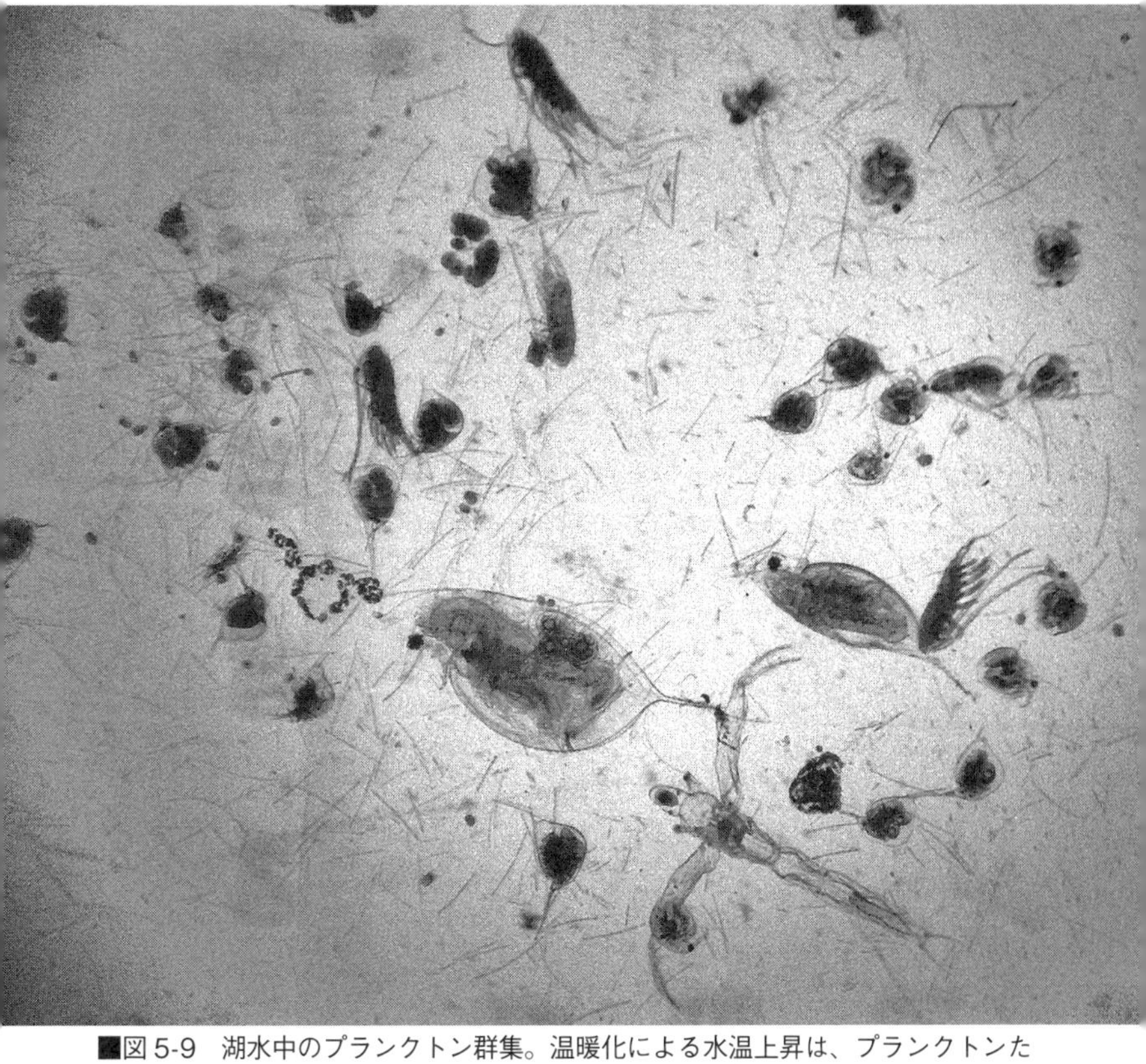

■図 5-9　湖水中のプランクトン群集。温暖化による水温上昇は、プランクトンたちの食う－食われる関係に影響を与える（撮影：永田貴丸）

の一になると言われている。すると、水温が高くなると、たとえ湖水中の植物プランクトンの生産量が変わらなくても、魚まで運ばれるエネルギー量が減ることになる。これは、魚の生産量の低下につながると考えられる。

湖の生態系への温暖化影響を考えるときには、風速や降雨量の変化などの影響も考慮しなければならない。しかし、単に水温が上昇することだけに注目しても、生態系に複雑な影響が及ぶことが予想されるのである（図5-9）。

5-4 結氷しないと湖底の水温は低くなる

毎年、冬になると、諏訪湖周辺で「御神《おみ》渡《わた》り」のことが話題に上る。これは、寒い日の早朝、諏訪湖を覆っている氷が割れて隆起し、その隆起した氷が湖面を横断する現象につけられた名前だ（図5-10）。

諏訪湖の南岸近くにある諏訪大社上社《すわたいしゃかみしゃ》には、諏訪大明神の男神《おがみ》、建御名方《たけみなかた》がまつられている。この神様は、冬になって諏訪湖の湖面が凍ると、湖を渡って対岸の諏訪大社下社《しもしゃ》にいる女神《めがみ》、八坂刀売《やさかとめ》に会いに行くと言われている。そして、氷の隆起は、その神が湖を渡った跡とされてきた。

その跡、すなわち、氷の割れた筋がどこから発し、どの方向に進んだかによって、その年の農作物

■図 5-10　2006 年 1 月 13 日、全面結氷した諏訪湖に御神渡りが出現し、八剱神社の関係者によって執り行われた「拝観式」。この神事を長く記録してきたことで、諏訪湖は、世界で最も長い湖氷の記録を持つ湖となった

の豊凶などが占われた。その行事は御神渡り拝観と呼ばれ、八剱神社《やつるぎじんじゃ》の宮司《ぐうじ》によって執り行われている。

この御神渡りは重要な神事であることから、御神渡り拝観が行われたこと、また、その冬の諏訪湖の氷の状況が、八剱神社に記録として保存されている。その記録は、なんと一四四一年から今日まで、およそ五七〇年もの間続けられているというから驚く。

湖の結氷の有無は、気温の影響を大きく受ける。そのため、長期間の結氷の記録は、その間の気温の変化を示すことになる。そこで、過去からの地球温暖化の過程を知るための情報として、陸水学の国際会議で、世界の湖の氷の記録が話題になった。その際、諏訪湖の記録が世界で最も長い湖氷の記録として注目されたのである。

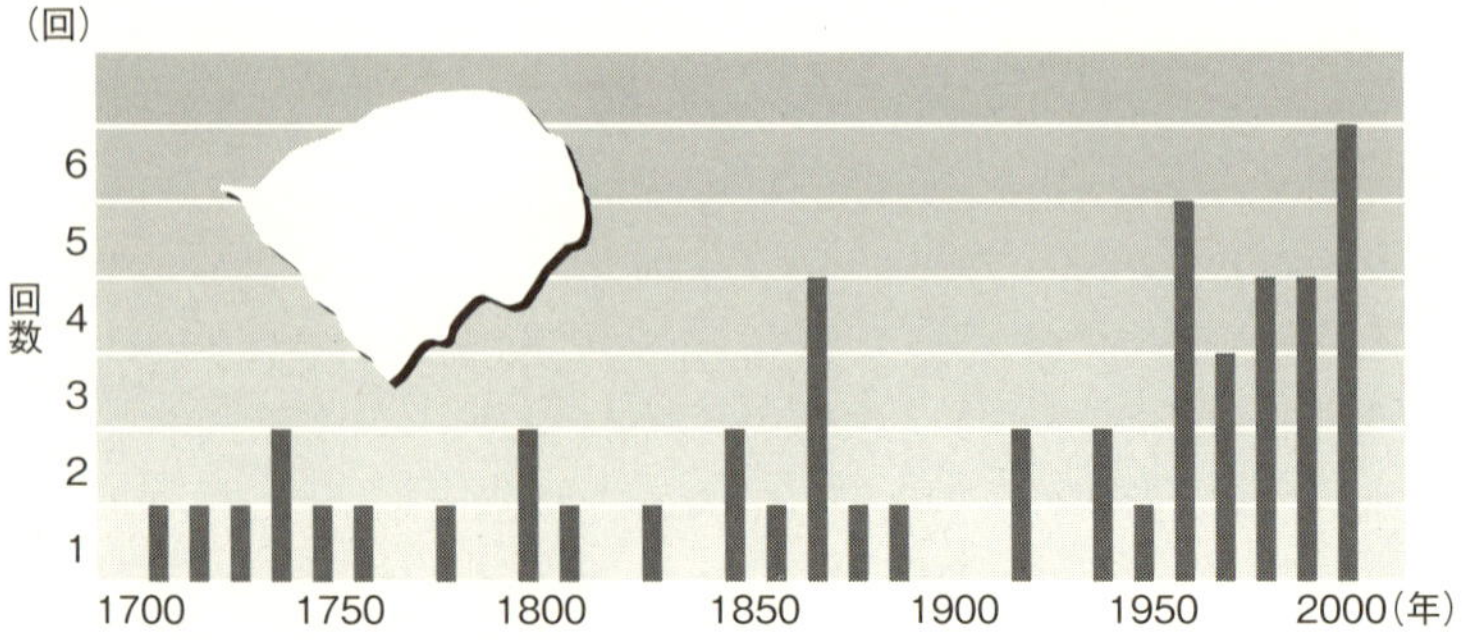

■図 5-11　1700 ～ 2000 年の間の各 10 年間で、諏訪湖において「明けの海」の年と御神渡りが見られなかった年の回数。出典：新井（2000）より改変

図5-11に、新井正氏がまとめた、一七〇〇年以後の三〇〇年間の諏訪湖の氷の記録を示す。ここでは、「明けの海（湖が結氷しなかった年）」または御神渡りが見られなかった年を暖冬の年として、各一〇年間における暖冬の年の回数を示している。それを見ると、一七〇〇～一九五〇年の間は、ある程度の変動はあるが、その回数が一～二程度であったのに対し、一九五〇年以後には明らかに回数が増えていることがわかる。このことは、この最後の五〇年間に、諏訪湖の冬の気温が、それまでよりも高くなっていたことを示唆している。

近年は、諏訪湖では氷が張らない年が多くなったため、女神の八坂刀売に会える機会が減ってしまった男神の建御名方は、さぞや悲しんでいることだろう。

ちなみに、諏訪湖の氷の記録が温暖化の様子をよく示すことになったのには、いくつかの偶然があった。一つは、諏訪湖の地理的位置が、冬の気温が少しでも変化すると結氷に影響する場所だったことである。この湖がもっと標高や緯度の

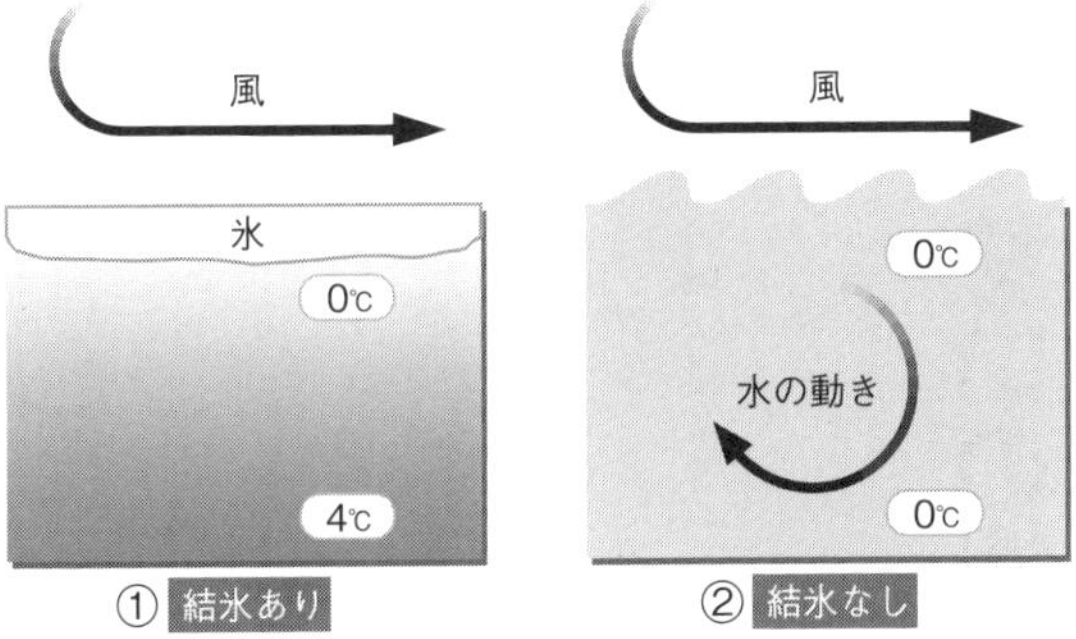

■図 5-12　諏訪湖のような浅い湖の、冬期の水温分布の模式図
①湖面が結氷したとき
②気温が0℃かそれ以下になったが結氷しなかったとき。風によって湖水が撹拌される

高いところ（冬がもっと厳しいところ）にあったなら、温暖化が進んでも、明けの海になる年はなかっただろう。一方、諏訪湖がもっと面積の広い湖だったなら、風の影響を強く受けて、常に水が撹拌されるので、凍りにくい湖になったに違いない。また深い湖だったなら、湖水の容量が大きく、それ故、貯熱量が大きいので、これも湖を凍りにくくする要因となる。そして、もう一つの重要なことは、諏訪湖畔に諏訪大明神が住んでいたことである。そのため、人々が冬の結氷に注意を払うようになった。

ところで、諏訪湖が結氷するか否かは、神事に影響を与えるが、湖水中の生き物たちにも大きな影響を与えると考えられる。

諏訪湖は浅いので、強い風が吹くと湖水が撹拌されて、湖水全体の水温がほぼ一様になる。すると、秋から冬にかけて気温が低下すると、表水層だけでなく深水層も水温が低下することになる。ところが、いったん湖面に氷が張ると、それが湖水への風の影響を妨げるので、軽い水が上に上り、重い水が湖底に降りて湖水が成層する。水が最も重くなるのは水温が四℃のときなので、湖底には四℃の水が分布するようになる（図5-12の①）。一方、氷の温度とほぼ同じ〇℃の水は軽いので、氷の近くの表層に分布する。

前述の新井正氏が二〇〇九年に発表した論文によると、諏訪湖が全面結氷せず御神渡り拝観が行われなかった年は、一月の平均気温がマイナス一℃よりも高かった。そのときは、恐らく湖面の水温はほぼ〇℃だっただろう。すると、そのときに風が強く吹いたなら、湖底の水温もほぼ〇℃になったと考えられる（図5-12の②）。

ここで、読者はおもしろいことに気づかれただろう。それは、氷が張る〝寒い冬〟には湖底の水温が四℃と暖かくなり、氷が張らない〝暖冬時〟には（それでも気温は〇℃まで下がる）湖底は〇℃と冷たくなるのである。すると、もし、水温が四℃なら生きていられるが、〇℃になると死んでしまう生物が諏訪湖に棲んでいたならば、暖冬は、その生物に大きな悪影響を与えることになるだろう。

5-5 憩いの場の創出が環境保全を促進

Lake Suwa

一九九九年、それまで毎夏ひどいアオコに覆われていた諏訪湖でアオコが激減した。このことは、全国の湖沼管理者や研究者を驚かせた。なぜなら、水質汚濁問題を抱えた湖は多いが、その問題を克服した湖がほとんどなかったからだ。

諏訪湖では、湖に流れ込んでいた、家庭や事業所からの排水を湖に入れないようにして、湖水の汚濁原因となる、窒素やリンの湖内濃度を下げたことが効を奏したと言える。それには、長野県が諏訪湖の集水域内の市街地に下水道網を張り巡らせ、高い普及率を達成したこと、また、住民や事業所が下水道の利用を積極的に進めて、九八%という高い接続率を達成したことが大きく寄与した。すなわち、官と民が共同して諏訪湖浄化を推進したことが大きかった。

その官民共同による活動は、様々なところで行われているが、一つの典型は、湖岸整備事業と住民による湖岸の美化活動に見ることができる。

それまでの諏訪湖の岸は、そのすべてが洪水対策としてコンクリートで固められていたが、一九九〇年代になって、親水性を高める目的の湖岸整備事業が動き始めた。これには、住民が一九八九年に自発的につくった組織が大きな役割を果たした（沖野、二〇〇五）。

彼らは、水質汚濁対策や都市計画づくりで先進的なドイツから専門家を招くなどして、水辺環境の保全と街づくりについて学んだ。また、その勉強会に行政の担当者も巻き込んだ。そして、ついに行政が動き出し、市民、諏訪湖関係者、および学識経験者によって構成された検討委員会をつくり、諏訪湖の水辺整備マスタープランを策定した。その結果、自然環境を復元・創生する植生帯の回復が図られ、また、市民が憩える親水空間づくりとして、玉砂利を敷いた浜などがつくられた。さらに、諏諏訪湖畔を一周できるジョギングロードも整備された。

例えば、玉砂利の浜などは、もともと諏訪湖にはなかったものであるが、私はこの整備事業を高く評価している。なぜなら、この事業を行ったことで多くの人々が湖畔で憩うようになったからである。天気のよい日には、玉砂利の浜で親子連れが遊び、ジョギングロードを歩いたりジョギングをしている人の姿を途切れることなく見ることができる（図5-13）。すなわち、多くの人が諏訪湖畔で過ごすようになったのだ。これは、市民が今まで以上に諏訪湖に関心を持つことを促す。そのことが、湖の環境保全を推進する大きな力となるのである。

さらに、この湖岸整備事業で感心したことがある。それは、諏訪湖アダプトプログラムをつくったことだ。これは長野県が主導して、市民や企業などによって組織された団体に、自主的に湖岸の美化活動を行ってもらうように呼びかけたものだ。諏訪湖の湖周一六kmを、一区間を約五〇〇mとして三二区間に分け、それぞれの区間を二団体に受け持ってもらうこととした。すると、全部で六四団体が必要となる。県は、この美化活動に参加する団体を募った（「諏訪湖のあゆみ」編集委員会、二〇〇三）。

私は、当初、希望する団体の数は簡単には目標に達しないのではないかと思っていた。しかし、それは取り越し苦労であったことがすぐにわかった。その目標がすぐに達成されたのだ（図5-14）。諏訪湖の環境保全に対する市民の意識の高さを改めて知った。その団体の活動により、今ではジョギングロードを含め、湖畔にはほとんどゴミがなく、湖の周りはよく管理されている。

■図 5-13　諏訪湖畔につくられた玉砂利の浜がある広場（上）や、ジョギングロード（下）では、人々が様々な活動を楽しんでいる姿を見ることができる

■図 5-14　ジョギングロードの花壇のブロックには、この区間の整備を担当する団体の名前を記したプレートが貼られている

■図5-15　湖岸のヨシを刈り取って道をつくり、その先に個人の釣り場がつくられている

■図5-16　釣り人がジョギングロードに乗り入れた車

数年前、湖沼環境に関する研究者の会議が諏訪で行われた。その会議の後に、私が参加者と共にジョギングロードを歩きながら諏訪湖の状況を説明した。そのとき、ほとんどの参加者が、休日に多くの市民が憩いの場として湖畔を利用していること、また、そこにはゴミがほとんどない様子を見て、ずいぶんと感心していたことを覚えている。

私も、湖畔をよく散歩する。そして、整備された湖畔を気持ちよく歩きながら、湖面をオレンジ色に染める美しい夕日や、近年増えてきた水辺の鳥たちの姿に癒やされている。

ただし、その一方で残念に思うことがある。一部の釣り人によって、ヨシ原の一部が切り開かれ、その先の水辺に、個人専用の釣り場がつくられていることである（図5-15）。また、その釣り場に行く際、近くの駐車場から歩けばいいのに、できるだけ釣り場の近くまで車で行こうとして、ジョギングロードに車を乗り入れる人がいるということだ（図5-16）。ジョギングロードは、人が走りやすいように弾力のある素材でつくられている。そこを車で走ることはジョギングロードを壊す行為である。ぜひ、そのようなことはやめてほしい。

5-6 漁業や観光、互いの理解が必要

Lake Suwa

諏訪湖は、この一〇〇年間で、生態系の大きな変化を経験してきた。

昔の諏訪湖では、沈水植物が湖底の広い範囲を覆っており、湖水は澄んでいた。夏には、水泳場として利用され、水泳大会も開かれていた。ところが、その後富栄養化が進み、一九六〇年代になると、著しく増えた藍藻によってつくられるアオコが発生するようになった。その一方で、湖水の透明度が低下したために、沈水植物群落が大幅に衰退した。また、幼虫が底生動物として湖底に生息しているユスリカが増え、成虫が定期的に大発生を繰り返すようになった。そして、それが、漂うアオコの異臭とともに、大きな環境問題となった。

そこで、湖の富栄養化を食い止めるため、官民学が協力して水質浄化対策を進めた。その結果、ア

オコの発生量が大きく減少し、迷惑害虫のユスリカも減った。また、諏訪湖で泳ぐこともできるようになり、水草が復活し始めた。これにより、目指していた昔の諏訪湖の姿に近づいてきたと、多くの人が感じるようになった。

ところが、この水質浄化の進展に伴ってワカサギの漁獲量が減り、それが新たな、そして大きな問題となった。さらに、アオコが減って透明度が上昇したことにより、浮葉植物のヒシが大繁茂するようになり、それも問題を起こした。

つまり、諏訪湖では、湖が富栄養化しても、逆に水質浄化が進んでも、その都度、様々な問題が生じたのである（図5-17）。なぜだろうか。

富栄養化と水質浄化（貧栄養化と言うことができる）は、すでに述べたように、どちらも植物プランクトン群集や底生動物群集を変え、沈水植物の分布域を大きく変えた。すなわち、どちらも諏訪湖の生態系を大きく変える働きをしたのだ。すると、生態系が変化することが、問題になったと言えそうだ。そしてそのことは、私たちの生活が、諏訪湖の生態系に強く依存しているということを示している。

そうであるならば、私たちは、単に諏訪湖の水質に注目するだけではなく、もっと生態系に目を向ける必要があるだろう。そして、その際に理解しなければならないことは、生態系を構成している生物の種類や個体数が、多くの生物どうしの関わり合いによって決められているということである。

例えば、魚がいない湖の動物プランクトン群集では、大型ミジンコのダフニアの仲間が多く、小型のゾウミジンコやもっと小さなワムシ類が少ない（図5-18）。これは、ダフニアが餌の取り合いの競

■図 5-17　富栄養化と水質浄化、どちらも諏訪湖の生態系を変えて問題を起こした。左上：富栄養化によるアオコの発生。右上：ユスリカ成虫の発生。左下：水質浄化の進展に伴って生じたヒシの発生。右下：漁業不振を伝える新聞記事

長野日報

10月11日

諏訪湖のワカサギ

3季連続禁漁へ

漁獲不振で漁協

県連絡会議

カワアイサの食性調査

ワカサギ食害を懸念

民営化後初の年賀はがき到着

米沢米

82-0363

■図5-18　湖に魚がいないと、動物プランクトン群集では、餌競争でダフニアが勝つが（右図）、その湖で魚が増えると、ダフニアが魚に駆逐されてしまう（左図）。そうなると、競争に負けていた小型の動物プランクトンが増える

争に強いからである。ところが、そこに魚が入ってくると、ダフニアが魚に食べられて姿を消す。すると、餌がダフニアに奪われなくなるため、小型動物プランクトンが増える。

すなわち、もしある生物種（例えばダフニア）が問題を起こすのでそれを退治しようとしても、他の生物に影響を与えずに、その生物種だけを生態系から取り除くことはできないのである。

このことは、湖でアオコをつくる藍藻を退治しようとすることと同じだ。もし、諏訪湖で藍藻を減らしたのなら、必ず他の様々な生物たちの個体数も変化することになるのである。これが、アオコを減らしても新たな問題が生じる一つの要因なのである。

もう一つ、考慮すべき要因がある。それは、多くの人が、直接、間接に諏訪湖の生態系に依存しているが、その人々が求めている生態系が、必ずしも同じではないということだ。例えば、漁業関係者は、魚がたくさん獲れることを望んでいる。すると、そのためには、諏訪湖が富栄養化したほうがいい。アオコがある程度発生するような生態系が好ましいと言えるだろう。一方、観光業に関わっている人は、諏訪湖が植物プランクトンの少ない澄んだ水を湛え、ユスリカが舞わない環境を望んでいるだろう。湖畔を憩いの場として利用している人は、水草が生え、鳥のさえずりをいつでも聴ける湖を好むかもしれない。したがって、ある目的で湖を利用している人にとって好ましい生態系がつくられると、それは困る、という人が出てくるのである。

では、諏訪湖に対して私たちはどうしたらよいのだろうか。

自分とは異なる立場にあり、それゆえ自分とは異なった諏訪湖の姿を求めている人がいることを理解することが、まず必要だろう。そして、自分の目的に合った湖の姿ばかりを追い求めるのではなく、湖を客観的に見て、立場の違う人とも話し合いながら、より多くの人が受け入れられる諏訪湖の姿をつくり、それを維持するように努めることが肝要だろう。これは難しいことだが、避けられないことでもある。そのためにも、諏訪湖の生態系と私達の暮らしとの関わりについて、各人が積極的に学び、考える態度が求められている。

5-7 暮らしを生態系に合わせる

湖には、魚だけではなく、プランクトン、底生生物、そして水草など、様々な生物が生息している。

それらの生物は、お互いに複雑な関係を保ちながら、湖が持つ独特の生態系をつくっている。

そしてその生態系は、変化する環境に敏感に反応して姿を変えている。例えば、湖の富栄養化や、その逆の貧栄養化。あるいは、温暖化に伴う水温の上昇や、降雨量の変化（川から湖への流入水量の変化）など。その環境変化には、人間活動に起因しているものが多い。そのことは、これまでも述べてきた。したがって、生態系は常に変化しているのである。

今、私たちは、様々な環境問題を抱えているが、その多くは、環境の変化に伴って生態系の姿が変わったことが原因となっている。すなわち、ある状態にあった生態系に依存していた人間の暮らしが、変化した生態系に適応できなくなったために問題が生じたのである。

そこで、私たちは、問題の解決のため、その生態系を以前の状態に戻そうとする。ところが、その目標が達成されたとしても、問題は簡単には解決されないと私は考えている。そのわけをお話ししよう。私は、それを諏訪湖から学んだ。

ここで、諏訪湖で繁茂した沈水植物のことを再び取り上げる。

日本の高度経済成長期が始まる前の諏訪湖は、クロモ、ササバモ、ホザキノフサモなどの沈水植物が広く繁茂していた。そして、それが諏訪湖の水質を良好な状態に保つ役割を果たしていたと考えられる。ところが、その後に起きた湖の富栄養化によってアオコが発生し、湖水の透明度が大きく低下した。その結果、沿岸域の湖底に十分な太陽光が届かなくなり、沈水植物群落が大きく衰退した。そのため、沈水植物による水質浄化効果が低下し、アオコの発生が加速されたと考えられる。

ところが、近年の諏訪湖では、長年の水質浄化対策が功を奏し、アオコの発生量が大きく低下した。その結果、透明度が著しく上昇して、太陽光を得た沈水植物のクロモが繁茂して急速に分布域を広げたのである。すなわち、諏訪湖の生態系が、私たちが目指していた昔の状態に近づいたと言える。ところが、それが問題を起こした。

秋になると、クロモが枯れ始め、それが強風によって生じた波で切れ藻《きも》となり、大量に湖岸に打ち上げられたのである。そしてそれが、腐って異臭を放つようになったのだ（図5-19）。

人と諏訪湖がよい関係を持っていたと考えられる、昔の諏訪湖の生態系が戻ってきたのに、それが問題となったのである。その原因は、人々の暮らしが、昔と今で大きく異なったことにある（図5-20）。

昔は、広く繁茂していた沈水植物は、秋に切れ藻になる前に、人々によって刈り取られていたのだ。それは、水草を田畑の肥料にするためだった。したがって、水質浄化に役立ち、そのうえ農地の肥料にもなる沈水植物の繁茂は、当時の人々には望ましいことであった。ところが、今は肥料としての水草の価値はない。なぜなら、農地では化学肥料を使うようになったからだ。そのため、諏訪湖の水草は刈り取られることなく秋を迎え、切れ藻になって問題を起こしたのである。

呼び戻した昔の諏訪湖の生態系が、現在の人々の暮らしとうまく適合できなくなり、新たな問題を起こしたということは、諏訪湖の将来を考える際に重要な示唆を与えている。

私たちは、今、望ましいと思われる諏訪湖の姿を追い求めている。ただし、それを実現するには比較的長い時間が必要だ。それでも、将来になって、それが実現される日が来るだろう。ところが、そ

■図 5-19　秋になり弱った植物体が、強風によって生じた波で切れ藻となり、湖岸に打ち寄せられたクロモ（上）。それがしばらくすると腐り、異臭を放つようになる（下）

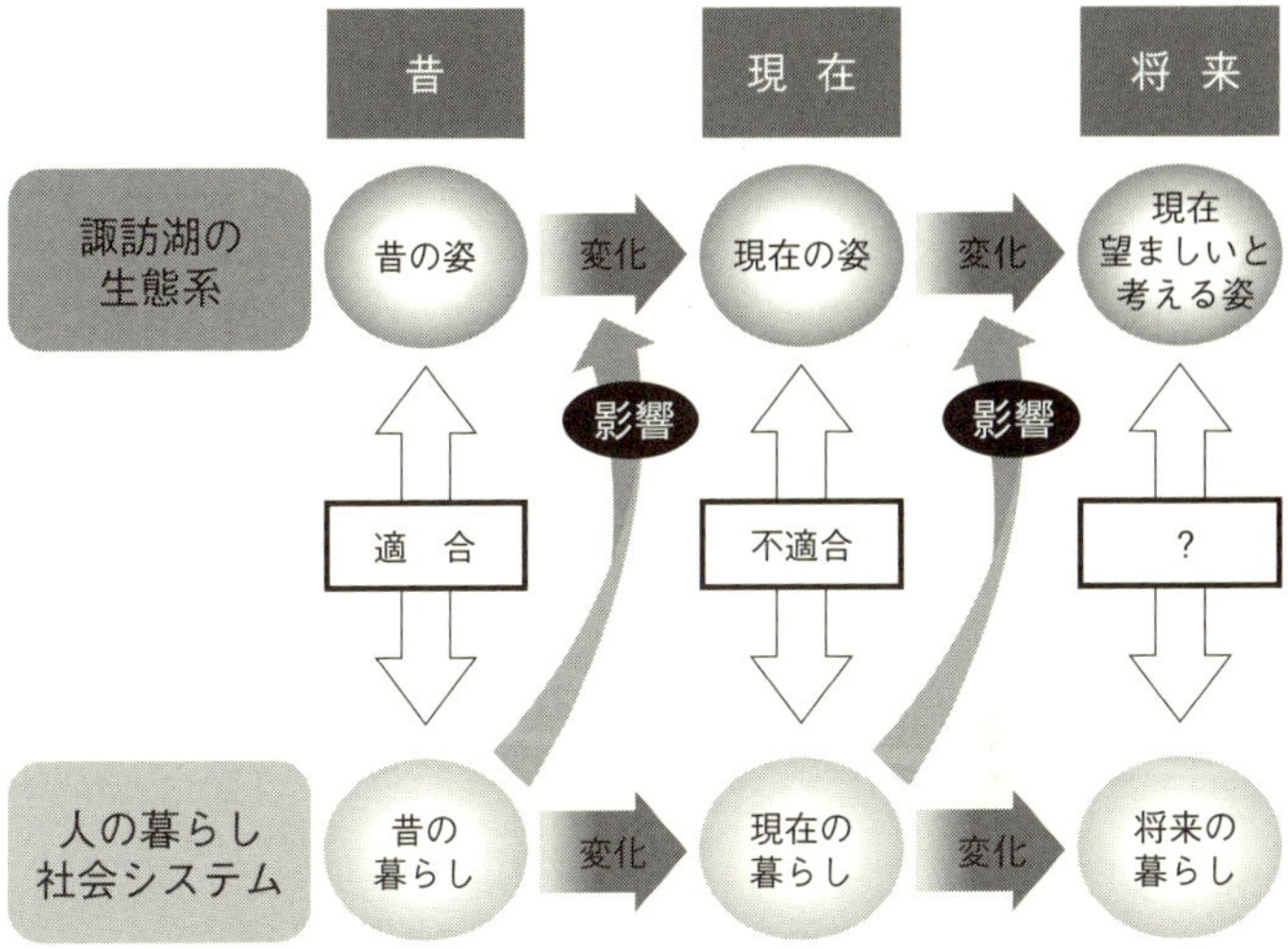

■図 5-20　諏訪湖の生態系と人の暮らしとの関係。昔は両者が適合していたが、それぞれが次第に変化したために適合しなくなり、環境問題が生じた。将来の両者の関係はいかに？

のときには私たちの生活スタイルが今と大きく変わっている可能性が高い（図5-20）。そうなると、その変化した生活スタイルが、それまで追い求めてきた諏訪湖の生態系と適合できなくなってしまい、また新たな問題が生じ恐れがある。それを避けるためには、将来になっても、諏訪湖の生態系と私たちの暮らしがうまく適合するようにしなければならない。

そのためには、まず、私たちが、諏訪湖に影響を与えて変化させている生態系の将来像を予測する必要がある。それとともに、将来の私たち人間の暮らしぶりも予測しなければならない。そして、その暮らしぶりに適合するように、諏訪湖の生態系を管理していくことを考えなければならないだろう。いや、むしろ変えるべきは、私たち自身の生活スタイルや人間の社会システムのほうなのかもしれない。すなわち、それらを、将来の諏訪湖の生態系に適合させるように積極的に変えていくということだ。

これは諏訪湖だけのことではなく、地球全体の生態系と人間の社会システムとの関係にも当てはめられることである。それが達成できれば、地球上の多くの環境問題が解決されるのではなかろうか。

5-8 水質浄化対策にシジミを活用

前項では、これからの私たちの暮らしを、今後変化していく諏訪湖の生態系に合わせることの必要性を説いた。

諏訪湖では、水質浄化が進み、近年になってひどいアオコの発生はなくなった。ところが、その水質浄化が漁業不振を招いた。すると、これからは、魚に強く依存してきた従来の漁業のあり方を変えなければならなくなるだろう。そのとき検討すべき漁業は、貝の養殖ではないだろうか。

第4章第11項で、バイオマニピュレーションによって水質浄化に成功した白樺湖の事例を紹介した。そこでは、生態系を人為的に操作して、植物プランクトンを効率よく食べる大型ミジンコを増やして湖水の透明度を上げた。したがって、植物プランクトンを食べる生物を湖で増やせば、水質浄化が進むだろう。その生物が貝なのである。特に、淡水シジミは、多くの湖で漁業対象生物となっており、湖水中の植物プランクトンを餌とする生物だ。

諏訪湖でも、一九六〇年代までは盛んにシジミ漁が行われていた（図5-21）。ところが、その後は不漁になり衰退してしまった。その原因は、湖岸がコンクリートで固められ、そのうえ、水質汚濁の進行によって、湖内の砂地が減り、湖底の貧酸素化が進んだことにあったように思われる。

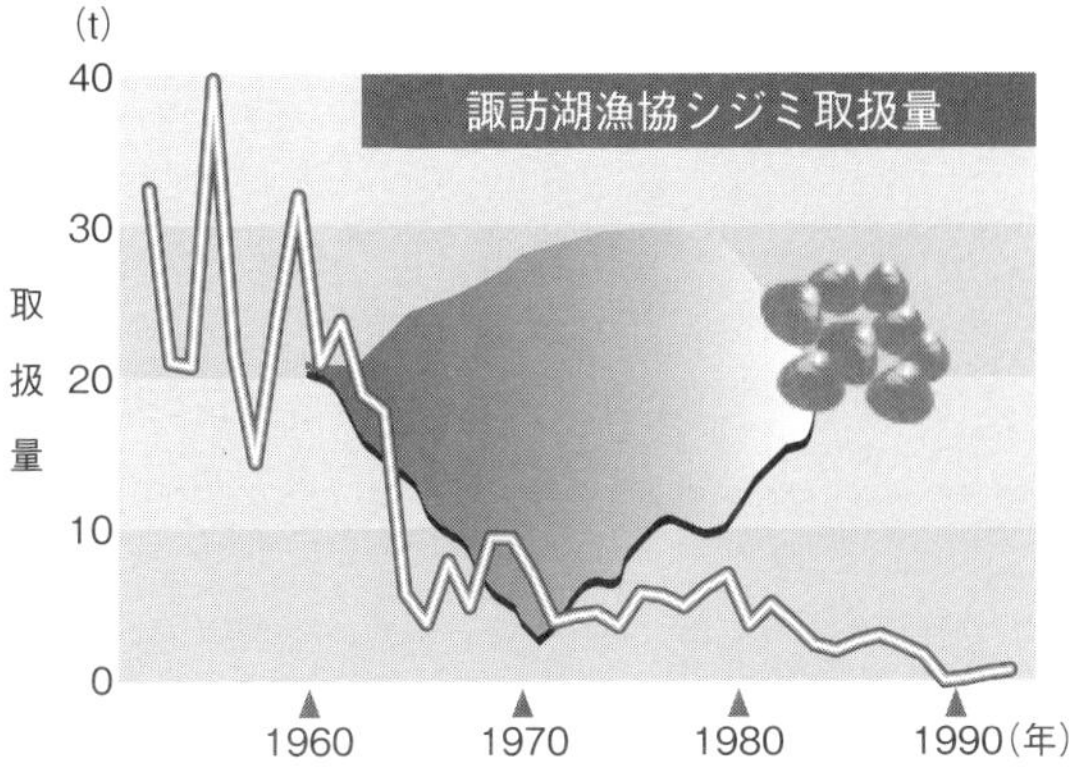

図5-21　1950年代以降の諏訪湖漁協におけるシジミの年間取扱量の変化。出典：長野県水産試験場諏訪支場

このシジミを再び湖内で増やすことができれば、水質浄化と漁業振興を両立できる可能性がある。ただし、それにはいくつかの課題があるだろう。

まず、シジミは酸素欠乏に弱い。そのため、湖底に広く有機汚泥が溜まっている諏訪湖では、湖底の酸素濃度が低いので、生きていけない。シジミが好む生息場は、有機汚泥の少ない砂地である。すると、諏訪湖に砂地をつくる必要がある。ところが、それは簡単ではない。シジミで湖水を浄化するならば、大量のシジミが必要で、そのため湖底の広い範囲を砂地にする必要がある。また、砂地に棲むシジミが、効率よく植物プランクトンを

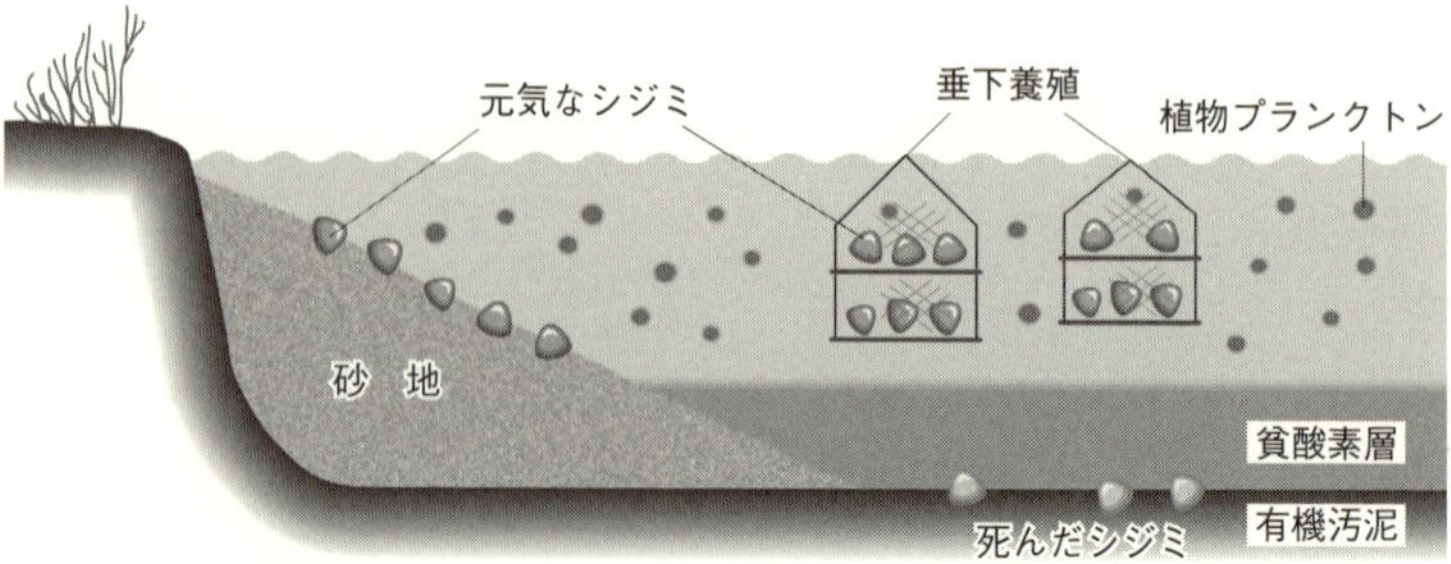

■図 5-22　諏訪湖でシジミ養殖をするには、酸欠を避けるため、遠浅の砂地をつくるか、垂下養殖が適していると考えられる。ただし、遠浅の砂地をつくるのは、洪水対策上、問題となるだろう

食べることができるように、湖の表水層で増殖している植物プランクトンとシジミが接する機会を増やさなければならない。そのためには、遠浅で砂地の沿岸をつくるのがよいだろう（図5-22）。この砂地があれば、人々が湖水浴を楽しむこともできて好都合だ。

ところが、話はそう簡単ではない。諏訪湖の沿岸域を広く砂で埋めると、湖の平均水深が浅くなる。このことは、諏訪湖の水容量が小さくなることを意味し、洪水時の防災対策に支障をきたすことになる。なぜなら、諏訪湖は洪水を防ぐ際に重要な役割を担っているからだ。

大雨が降るときには、事前に諏訪湖の水位を下げておき、諏訪湖に流入する河川の水位や、天竜川への放水量を制御しているのである。そのためには、大量の水を貯留できるように諏訪湖の水容量を大きくしておかなければならない。したがって、諏訪湖に遠浅の砂地をつくることは困難である。

すると、それをせずにシジミを養殖できる方法を考え出さなければならない。

その問題の解決に有効であると考えられる方法に、シジミの垂下《すいか》養殖がある（図5-22・5-23）。これは、湖の表水層中に網かごをぶら下げ、そのかごのなかで、シジミを養殖するという方法だ（図5-22）。これだと、シジミは植物プランクトンが多い水層に置かれることになり、効率よく植物プランクトンを食べることができる。また、そこは植物プランクトンが盛んに光合成をして酸素をつくっている場であり、さらに風によって湖水が撹拌されるので、酸素欠乏にはならない。

ただし、シジミを活用した水質浄化対策は、次のことに注意が必要だろう。

湖水中の窒素やリンを減らす従来の浄化対策をさらに進めると、植物プランクトンが減ってしまい、餌を失ったシジミは増殖できなくなる。この場合、湖水の透明度は高くなるが、それはシジミによって浄化されたものではない。

したがって、求められる植物プランクトンとシジミの関係は、湖の植物プランクトンがある程度活発に増殖していてシジミの成長を助け、それでいながら、増えた植物プランクトンがシジミに効率よく食べられているというものだ。これならシジミがよく育ち、かつ植物プランクトンの現存量が低い状態（湖水の透明度が比較的高い状態）が維持される。その関係を維持するためには、湖水中の窒素やリンの濃度をどの程度に維持するのがよいのか、また、湖に入れるシジミの適正な量はどれだけか、という問いに対する答えを出さなければならない。それは今後の課題であろう。

ところで、シジミと同様に、湖水中の植物プランクトンを餌とする貝に、イケチョウガイがいる。これは淡水真珠をつくる貝である。諏訪湖を淡水真珠の生産地とすることもよいかもしれない。

■図 5-23　諏訪湖で試行されたシジミの垂下養殖。シジミは漁業振興と水質浄化の両立に道を開くかもしれない（2005 年 3 月）

5-9 諏訪湖は水質浄化のトップランナー

諏訪湖は、今、全国的に注目されている。そのわけは、国内の多くの湖の水質浄化が進まないなか、諏訪湖の水質が、近年になって顕著に改善したためである。

深刻な水質汚濁問題を抱えているところは浅い湖が多い。湖が浅いと、湖底に溜まった窒素やリンが、風による湖水の撹拌作用で容易に水中に舞い上がり、それがアオコの発生を促すからである。諏訪湖は、現在の最大水深がおよそ六・五mと浅く、一九七〇〜一九八〇年代には、アオコが大発生する湖として全国的によく知られるようになった。すなわち、諏訪湖は典型的な富栄養湖で、水質汚濁問題を抱えた全国の湖の代表とも言える存在だったのである。

その諏訪湖から、アオコがほとんど姿を消したのだ。そのニュースが多くの人を驚かせたことは容易に想像がつく。一九七〇年代に諏訪湖の研究をされていた山形大学の佐藤泰哲教授は、アオコが激減した後の諏訪湖で行われた水泳大会の写真を見て、その変貌ぶりを、陸水学雑誌に「驚天動地《きょうてんどうち》」ということばを使って表した。

諏訪湖が水質浄化に成功した大きな要因は、諏訪地域の下水道の普及率・接続率が著しく高くなったこと、そして下水処理排水を系外に（天竜川に）放流したことにあると考えられている。この系外放流は、浄化対策として有効であると専門家の多くは考えていたが、実際それをやろうとすると、経費や住民感情など、乗り越えなければならない、いくつかの課題があるようだ。それを克服して、長野県は系外放流を実行した。その結果、水質浄化対策としての系外放流の有効性が、諏訪湖で示されたのである。これは、他の多くの自治体における湖の水質浄化対策に影響を与えるに違いない。そうなると、全国の湖の水質浄化に諏訪湖が貢献したことになる。

もう一つ、諏訪湖が他の湖の管理に大きく貢献することがある。それは、湖の水質浄化が進むと生態系が変化し、それが人々の暮らしに影響を与えることを示したことだ。

水質浄化は湖の生物の生産量を低下させる行為なので、魚を減らすことになる。そのため、諏訪湖では、漁業不振の問題が生じた。この問題は、水質浄化対策を講じている他の湖でも、比較的近い将来に生じることだろう。その対応を今から考えておくことが必要だ。

諏訪湖での水質浄化の進展は、漁業生産量を低下させただけでなく、浮葉植物のヒシの大繁茂という問題も起こした。このように、水質浄化は予期しなかった問題も起こす可能性がある。

今後、諏訪湖に遅れて、全国の様々な湖で水質浄化が進み始めるだろう。すると、そこでも生態系が大きく変化し、人々の暮らしとの関わりで、問題が生じることだろう。そうなると、その情報はとても貴重なものになる。なぜなら、諏訪湖も含め、それらの湖の情報から、水質浄化が湖の生態系をどのように変化させるのかについて、一般的な法則が見いだせるかもしれないからだ。また、その生態系変化がどのように人々との軋轢《あつれき》を生むのかが解析できるからである。すると、そこから、湖と人とのよりよいつきあい方が見えてくるに違いない。

そのためには、諏訪湖以外の多くの湖でも、水質調査のみならず、生態系の調査も継続していくことが必要だ。行政機関だけでなく、研究者の協力を得て、それを実行してほしい。それがかなうと、国内のみならず、諸外国の湖の水質浄化や湖沼生態系保全に重要な提言を与えることができ、大きな国際貢献につながるだろう。

■図 5-24　広大な太湖。しかし、平均水深は 2m ほどと浅い。そのため、はるか沖まで水草が分布している。この湖でアオコが大発生した。ここの水質浄化に、諏訪湖の経験が生かされている

今、経済発展がめざましい中国は、とても深刻な湖沼の水質汚濁問題を抱えている。実際、中国で三番目に大きな湖、太湖《たいこ》（湖面積二四二八㎢、最大水深三m）（図5-24）では、オリンピックを翌年に控えた二〇〇七年にアオコが大発生し、それが世界のニュースになった。

私事で恐縮だが、私は、諏訪湖の生態系研究で培ってきた知識と経験が評価され、上海市《しゃんはいし》農業科学院の研究者と共同で、太湖の水質浄化研究に関わっていた。その功績で、二〇〇九年に上海市白玉蘭《ばいゆうらん》賞をいただい

■図5-25　諏訪湖は、国内の浅い富栄養湖の水質浄化競争のトップランナーとして注目されている。この湖で生じた問題や、それへの住民の対処は、他の湖の管理に重要な示唆を与える（写真提供：諏訪教育会）

た。これは、諏訪湖の水質汚濁問題と闘ってきた、地域住民と行政関係者の努力の成果が、国際貢献につながった一つの例と言えるだろう。

一方、国内では、諏訪湖は浅い富栄養湖の水質浄化競争で、トップランナーとして走っている（図5-25）。トップを走っているからこそ、諏訪湖生態系は、他の湖ではまだ経験のない、新たな問題を今後も私たちに投げかけてくるに違いない。それにうまく対処するには、地域住民みんなが、諏訪湖を地域の誇りとし、日頃から諏訪湖と触れ合うことが肝要である。そうすれば、そこからよい解決策が生まれるだろう。

このことは、水質汚濁問題を抱えているすべての湖に当てはめることができる。アオコが発生している湖に対しても関心を持ち続けること、そしてそこに暮らす多くの生き物たちを客観的な視点で見ることが、水質改善の第一歩だろう。その際、すべての生き物は、他の生き物と複雑な相互関係を持って生態系を維持していることを意識すること。そして、その生態系は人間活動の影響を受けて柔軟に変化すること。さらに、その変化が人々の暮らしに影響を与えるということを、多くの人が理解していれば、湖と人々の良好な関係が維持されるようになるだろう。

日本の湖沼の環境保全について、新たな時代が訪れる予感がしてきた。

あとがき

この本は、二〇〇八年一〇月二一日から二〇一〇年七月二四日までほぼ隔週で、『長野日報』紙に連載された記事をまとめたものである。

この記事を書くことになったことの発端は、二〇〇八年のある日、長野日報社の倉田高志さんが私の研究室を訪れたことにある。その目的は、諏訪湖の生態系を研究している私に、近年の諏訪湖の水質や生態系の様子についてインタビューをするためであった。その年は、諏訪湖浄化を願って始められた諏訪湖マラソンが二〇回の節目を迎えたため、諏訪湖の二〇年を振り返る特集記事をつくることが長野日報社のなかで企画されたそうだ。

そのとき私は、倉田さんからの質問に対して、諏訪湖の水質浄化が近年になって進み始め、それに伴って、諏訪湖の生態系が大きく変化していることを熱く語ったように思える。

そのためか、インタビューを終えた倉田さんが、数日後に編集局長の登内博友さんと共に再び私のところに来られ、「諏訪湖のことは数回のインタビュー記事では書き表せそうにないので、先生の手で連載記事を書いていただけませんか」という言葉をいただいたのである。そのとき、そのような機会を与えてくださることはありがたいと思ったが、「連載記事は隔週で掲載する」ということだったので、それを滞りなくこなせるか、ということに大きな不安を抱いた。しかし、やる前からギブアップするのは悔しいので、その仕事に挑戦することにした。

連載が始まると、まず原稿を書き、掲載する写真や図表の構想をつくり、それを倉田さんにお渡しする。すると、数日で原稿のゲラができてきて、その校正を求められる。それが終わると、次の原稿の提出期限が近づいており、新たな原稿の執筆を始める。毎回その繰り返しであった。私は出張することが多かったので、多くの原稿は出張の往き帰りの特急電車のなかで書いていた。

そのように書くと、私は辛い日々を過ごしていたように思われるかもしれないが、振り返ってみると、辛いというより楽しかったという感情が多く残っている。当時は、記事にする話題を四六時中考えており、その話題づくりのために、それまで以上に諏訪湖岸のジョギングロードを歩き、諏訪湖の景色とそこに暮らす鳥や水草に注意を向けていた。また、諏訪湖から離れた場所にいても、そこで出会った川が、水を諏訪湖に運んでいる川ならば、上流域の森と諏訪湖をつないでいる川の働きに思いを馳せる。また、上流の人々の暮らしと諏訪湖との関係を考えてみる。すると、周りの世界が今までと変わって見えるようになってきたのだ。それがとてもおもしろく、新鮮に感じたのである。

本書では、諏訪湖のなかで起きている現象や、川や湖の環境と、そこに棲む生物の関係について、様々な見方をすることを意識した。読者には、そのことに興味を持っていただけたなら望外の喜びである。

また、本書では、諏訪湖の生態系が、人間活動の影響によって大きく変化してきたこと、そして、その生態系の変化が、人々の暮らしに大きな影響を与えたことを述べてきた。そのことは、すなわち、生態系と人間社会はお互いに強く影響し合っていることを示している。このことは地球全体を一つの生態系として見た場合の、生態系と人間との関わりと同じである。今、地球規模の環境問題が注目されているが、その問題の本質は、諏訪湖で見られたように、人間が生態系を変え、その変化した生態系に人間の暮らしが適応できなくなったことにあると言えるだろう。すると、我々人間が、「諏訪湖」という生態系と良い関係を築くことが、グローバルな環境問題の解決への道筋を示すことになるように思える。そのために、本書が少しでも貢献できればありがたいと思っている。

本書の完成までには、多くの人にお世話になった。ここで、その方々に御礼を申し上げたい。まずは、長野日報社の倉田高志さんである。倉田さんには最初から最後までお世話いただき、私の原稿の提出が期限に間に合わなくなっても、困った表情を見せることなく、上手に調整していただいた。また、倉田さんの後ろで、実際の印刷作業に関わっていた長野日報社のスタッフの方々にもご迷惑をおかけしたに違いない。その方々にも感謝申し上げる。

この本のなかでは、諏訪湖畔にある終末処理場のデータや写真が使われている。また、長野県が測定している諏訪湖の水質のデータも利用させていただいた。それらは、長野県諏訪建設事務所と長野県下水道公社南信管理事務所の方々に全面的にご協力いただいたものである。関係された皆さまに厚く感謝の意を表したい。

さらに民間団体の、「国際ソロプチミスト諏訪」と「諏訪湖ロータリークラブ」の方々に深く御礼申し上げる。この二つの団体は、「諏訪湖浄化」を一つの重要な目標として長いこと活動を続けているところで、諏訪湖生態系の研究をしている私たち（信州大学）の活動を長年にわたって支援していただいている。それによって勇気づけられ、長年の地道な諏訪湖調査・研究を続けることができた。

ところで、今、この謝辞の文章を書いていると、諏訪湖についての私たちの研究活動が、行政機関や民間団体に強く支えられていることを改めて認識させられた。そうなのだ。この官民学の協働が、諏訪湖の水質浄化の大きな原動力になってきたのである。そこで、諏訪地域での官民学の協働のシンボル的なこととして、毎年開催されているイベントを紹介させていただく。

諏訪地域では、毎年九月上旬の日曜日に、終末処理場をメイン会場として、「よみがえれ諏訪湖フェスティバル」を開催している。これは、諏訪湖の水質浄化、および諏訪湖を取りまく環境について、多くの住民の理解と啓発を図ることを目的としたものだ。イベント開催の半年ほど前から、長野県（諏訪建設事務所、諏訪地方事務所）、地元七市町村（諏訪市、岡谷市、下諏訪町、茅野市、原村、富士見町、立科町）、長野県経営者協会諏訪支部、諏訪圏青年会議所、長野県環境保全協会諏訪支部、長野県下水道公社南信管理事務所、美しい環境づくり諏訪地域推進会議、諏訪湖浄化対策連絡協議会および信州大学が中心となって運営委員会や作業部会をつくり、会議を重ねて準備をしている。このフェスティバルの来場者数は千名近くになる。振り返ってみると、このイベントを開催することにより、官・民・学の信頼関係が築かれたと言えるだろう。

実は、諏訪湖への理解を深めるためのイベントは、これだけでなく、様々な民間団体によって行われている。その内容は、諏訪湖の生態系に関する講演会開催や、諏訪湖畔につくられたジョギングロードを歩きながらの、諏訪湖観察会などである。

さらに、沖野外輝夫信州大学名誉教授に感謝の意を表したい。沖野先生は諏訪湖の汚濁が最もひどかった一九七三年に、諏訪湖畔にある信州大学理学部附属諏訪臨湖実験所（現在の信州大学山岳科学

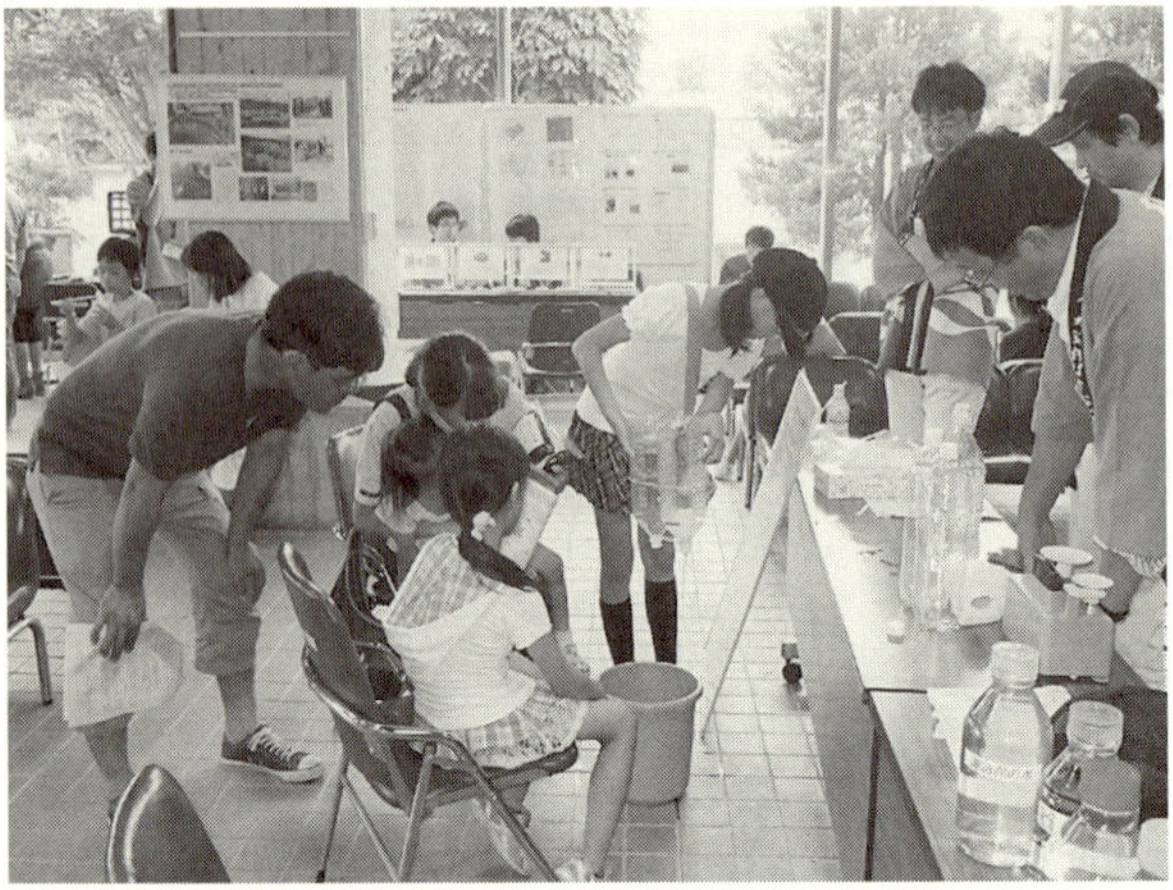

毎年1000名近くの住民が来場し、諏訪湖について楽しみながら学ぶイベント「よみがえれ諏訪湖フェスティバル」。
上：終末処理場での水質浄化過程の展示と観察会
下：湖上でのプランクトン観察会
写真提供：長野県諏訪建設事務所・長野県諏訪地方事務所

総合研究所・山地水環境教育研究センター）に赴任され、諏訪湖の水質浄化のための研究を進めた。その際、水質浄化対策について、長野県に様々なアドバイスをされてきた。また、水質浄化活動を行っている多くの民間団体にも丁寧な指導をされてきた。さらに、沖野先生自らが、諏訪湖の水環境のみならず、街づくりやエネルギー問題を考える民間団体を組織して、今も活発に活動されている。その活動が、諏訪地域での官・民・学の良好な関係を築く役割を果たしたことはまちがいない。

最後に、この本づくりで編集者として御苦労いただいた、地人書館の塩坂比奈子さんに感謝申し上げる。私が執筆に関わった本で、塩坂さんに編集していただいた本はこれで三冊目になる。塩坂さんの編集作業は速く正確で、その仕事ぶりにはいつも感心している。塩坂さんのおかげで、私の筆が遅くても、本づくりを予定通りに進めることができたのである。

花里孝幸

二〇一二年二月

田渕俊男（2009）湖沼の流域特性と水質改善～諏訪湖と霞ヶ浦の事例から～．水環境学会誌 **32**: 226-228.

第４章

河鎮龍（2009）湖の水質浄化の技術としてのバイオマニピュレーションの効果とそのメカニズムの評価（英文）．信州大学総合工学系研究科博士学位論文．139pp.
花里孝幸・小河原誠・宮原裕一（2003）諏訪湖定期調査（1997～2001）の結果．信州大学山地水環境教育研究センター研究報告 **1**: 109-174.
宮原裕一（2007）諏訪湖定期調査（2002～2006）の結果．信州大学山地水環境教育研究センター研究報告 **5**: 47-94.
永田貴丸・平林公男（2009）水質浄化に伴う動物相の変化．水環境学会誌 **32**: 238-241.
沖野外輝夫・花里孝幸（1997）諏訪湖定期調査：20年の結果．信州大学理学部附属諏訪臨湖実験所報告 **10**: 7-249.
武居薫（2005）13章　魚介類の移り変わり．アオコが消えた諏訪湖―人と生き物のドラマ（沖野外輝夫・花里孝幸 編）pp.288-319．信濃毎日新聞社．
田中阿歌麿（1918）湖沼学より見たる諏訪湖の研究（上下）．岩波書店．1682pp.

第５章

新井正（2000）地球温暖化と陸水水温．陸水学雑誌 **61**: 25-34.
Hanazato, T. and Yasuno, M.（1985）Effect of temperature in the laboratory studies on growth, egg development and first parturition of five species of Cladocera. *Japanese Journal of limnology* **46**: 185-191.
佐藤泰哲（2005）アオコが消えた諏訪湖－書評．陸水学雑誌 **66**: 215-218.
「諏訪湖のあゆみ」編集委員会（2003）みんなで知ろう「諏訪湖のあゆみ」．80pp.

引用文献

本文で引用したデータや図の出典を各章ごとにまとめた（アルファベット順）。

第1章

岩熊敏夫（1994）湖を読む．岩波書店．151pp.

印旛沼環境基金（1989·1998）印旛沼白書（平成元年・平成10年版）．

倉田亮（1990）日本の湖沼．滋賀県琵琶湖研究所所報 **8**: 65-83.

村岡浩彌・平田健正（1984）中禅寺湖の内部波（2）第28回水理講演会論文集．pp.327-332.

沖野外輝夫・花里孝幸（1997）諏訪湖定期調査：20年の結果．信州大学理学部附属諏訪実験所報告 **10**: 7-249.

沖野外輝夫（2002）新生態学への招待　湖沼の生態学．共立出版. 194pp.

三宝伸一郎（1997）木崎湖におけるカブトミジンコの成長に伴う日周鉛直移動パターンの変化．信州大学理学部生物学科平成8年度卒業研究．

第2章

Chang, K. H. and Hanazato, T.（2004）Dial vertical migration of invertebrate predators（*Leptodora kindtii*, *Thermocyclops*, and *Masocyclops* sp.）in a shallow, eutrophic lake. *Hydrobiologia* **528**: 249-259.

Chang, K. H., Hanazato, T., Ueshima, G. and Tahara, H.（2005）Feeding habit of pond smelt（*Hypomesus nipponensis*）and its impact on the zooplankton community in Lake Suwa, Japan. *Journal of Freshwater Ecology* **20**: 129-138.

岩熊敏夫（1994）湖を読む．岩波書店．151pp.

第3章

宮原裕一（2005）諏訪湖における水中懸濁物質の挙動に関する研究．信州大学環境科学年報 **27**: 31-38.

「諏訪湖のあゆみ」編集委員会（2003）みんなで知ろう「諏訪湖のあゆみ」．80pp.

【ま行】

【や行】

【ら行】

【欧文】

事 項 索 引

生物名索引

写真提供者一覧（五十音順）

荒河尚：p.44・図1-25／p.55・図2-3／p.111・図4-5
小神野豊：p.51・第2章扉写真（ノロ）／p.67・図2-9の上
沖野外輝夫：p.53・図2-1
河鎮龍：p.73・図2-13／p.170・図5-4
坂本正樹：p.57・図2-4（ケンミジンコとゾウミジンコ）／p.62・図2-6の下
佐久間昌孝：p.143・図4-28
諏訪教育会：p.204・図5-25
張光弦：p.62・図2-6の上
永田貴丸：p.177・図5-9
長野県下水道公社南信管理事務所：p.75・第3章扉写真／p.85・図3-6／p.94・図3-11
長野県水産試験場諏訪支場：p.38・図1-20
長野県諏訪建設事務所：あとがき
長野県諏訪地方事務所：あとがき
長野日報社：p.11・図1-1／p.16・図1-5／p.18・図1-6／p.23・図1-8／p.30・図1-14／p.68・図2-10／p.78・図3-2／p.103・第4章扉写真／p.107・図4-3／p.113・図4-6／p.119・図4-11、図4-12／p.131・図4-20／p.137・図4-24／p.146・図4-30／p.156・図4-37／p.179・図5-10／p.189・図5-17の右下／p.199・図5-23
朴虎東：p.27・図1-12／p.110・図4-4／p.135・図4-22
平林英也：p.127・図4-17

＊その他の写真は著者撮影。本文中のイラストも著者による

著者紹介

花里孝幸（はなざと・たかゆき）

1957年に東京都江東区豊洲に生まれ、10歳までそこで暮らした。毎年夏休みになると、長野県佐久市にある両親の実家で過ごし、虫採りをしたり、農作業を手伝ったのが生物に興味を持つきっかけになったように思われる。

その後、家族と共に千葉県船橋市に移住。1980年に千葉大学理学部生物学科を卒業し、同年、国立公害研究所（現：国立環境研究所）の研究員となり、湖沼の水質汚濁問題に関する研究プロジェクトのメンバーになった。そして、アオコが発生している霞ヶ浦の生態系における動物プランクトン群集の働きについての研究を始めた。

1995年に、信州大学教授として、諏訪湖畔にある信州大学理学部附属諏訪臨湖実験所に赴任。目の前に湖があるという、研究には最適な場所で仕事ができるようになった。実験所は、2001年に信州大学山地水環境教育研究センターに改組された。さらに、2006年には、信州大学に新しくつくられた山岳科学総合研究所に組み込まれ、研究所の一部門（山地水域環境保全学部門）になった。研究場所や研究内容には変更はない。

研究の興味は国立環境研究所時代から変わらず、動物プランクトンの生態の解明を通して湖の生態系を理解すること。また、湖の生態系に及ぼす有害化学物質汚染や温暖化などの影響の解明にも興味を持っている。

趣味は合唱で、今は諏訪合唱団の団員。イラストを描くのも好き。

受賞：第5回生態学琵琶湖賞（1996年）、中国上海市白玉蘭賞（2009年）

著書：『ミジンコ―その生態と湖沼環境問題』（名古屋大学出版会、1998年）、『ミジンコ先生の水環境ゼミ―生態学から環境問題を視る』（地人書館、2006年）、『ミジンコはすごい』（岩波ジュニア新書、岩波書店、2006年）、『ネッシーに学ぶ生態系』（岩波書店、2008年）、『自然はそんなにヤワじゃない―誤解だらけの生態系』（新潮社、2009年）、『生態系は誰のため？』（ちくまプリマー新書、筑摩書房、2011年）、『川と湖を見る・知る・探る―陸水学入門』（共著、地人書館、2011年）

本書は、日刊紙『長野日報』（発行：株式会社長野日報社）に、2008年10月21日から2010年7月24日まで、ほぼ隔週で連載された記事「ミジンコ先生の諏訪湖学」に加筆修正を加え、再編集したものです。

〈初出一覧〉
第1章　2008年10月21日～2009年3月14日
第2章　2009年3月28日～2009年5月23日
第3章　2009年6月4日～2009年8月22日
第4章　2009年9月10日～2010年3月11日
第5章　2010年3月27日～2010年7月24日

ミジンコ先生の諏訪湖学
水質汚濁問題を克服した湖

◆

2012年3月30日　初版第1刷

著　者　花里孝幸
発行者　上條　宰
発行所　株式会社 **地人書館**
〒162-0835　東京都新宿区中町15
電話　03-3235-4422
FAX　03-3235-8984
郵便振替　00160-6-1532
URL　http://www.chijinshokan.co.jp/
e-mail　chijinshokan@nifty.com

◆

編集協力　株式会社 長野日報社
本文レイアウト　小玉和男
印刷所　平文社
製本所　イマヰ製本

◆

ISBN978-4-8052-0848-9 C3045